U0346909

XIMENZI RENJI JIEMIAN
GONGCHENG YINGYONG YU GUZHANG JIANXIU SHILI

西门子人机界面
工程应用与故障检修实例

周志敏　　纪爱华　等 编著

中国电力出版社
CHINA ELECTRIC POWER PRESS

内 容 提 要

本书结合国内外西门子人机界面的技术发展动态及最新工程应用技术，全面地阐述了人机界面的基础知识，重点介绍了西门子人机界面的工程应用和故障处理。

全书共分 4 章，深入浅出地阐述了触摸式人机界面基础知识、西门子人机界面、西门子人机界面工程应用、西门子人机界面应用中问题分析及故障处理实例。

本书题材新颖、内容丰富实用、文字通俗易懂，具有很高的实用价值，是从事西门子人机界面技术开发、工程设计、应用及维修的工程技术人员的必备读物，也可供相关专业高等院校、职业技术院校的师生阅读参考。

图书在版编目（CIP）数据

西门子人机界面工程应用与故障检修实例/周志敏等编著.
—北京：中国电力出版社，2016.3
ISBN 978 - 7 - 5123 - 8547 - 4

Ⅰ.①西… Ⅱ.①周… Ⅲ.①人机界面 Ⅳ.①TP11

中国版本图书馆 CIP 数据核字（2015）第 272240 号

中国电力出版社出版、发行
（北京市东城区北京站西街 19 号　100005　http：//www.cepp.sgcc.com.cn）
北京雁林吉兆印刷有限公司印刷
各地新华书店经售

＊

2016 年 3 月第一版　2016 年 3 月北京第一次印刷
787 毫米×1092 毫米　16 开本　12.5 印张　301 千字
印数 0001—3000 册　定价 **32.00** 元

前　言

  人机界面是可接收触摸输入信号的感应式显示及数据处理装置，当触摸屏幕上的图形按钮时，屏幕上的触觉反馈系统可根据预先编制的应用程序完成各种操作功能，人机界面可用以取代机械式的按钮面板。

  触摸式人机界面是一种最新、最简单方便的人机交互设备，它可以让使用者只用手指轻轻地触摸显示屏上的图符或文字，就能实现对自动控制系统操作，使人机交互更为直截了当。人机界面赋予了信息交互崭新的面貌，是极富吸引力的全新信息交互设备。人机界面在我国的应用范围非常广阔，主要应用于公共信息的查询、办公、工业控制、军事指挥、信息浏览、电视传媒、多媒体教学、移动通信、家用电器等领域。

  西门子人机界面具有坚固耐用、反应速度快、节省空间、易于交流等优点。西门子人机界面已是自动化控制系统必不可少的设备。为满足国内从事西门子人机界面工程应用及维修的工程技术人员需要，本书在阐述人机界面基础知识的前提下，系统地阐述了西门子人机界面操作、组态及工程应用中的问题分析及故障处理实例。

  本书在写作上尽量做到有针对性和实用性，力求通俗易懂和结合实际，以使读者系统、全面了解和掌握西门子人机界面的最新工程应用技术及检修技能。使得从事西门子人机界面技术开发、设计、应用和维修的工程技术人员从中获益。

  参加本书编写工作的有周志敏、纪爱华、周纪海、纪达奇、刘建秀、顾发娥、纪达安、纪和平、刘淑芬、陈爱华等，本书在写作过程中，从资料的收集和技术信息交流上，都得到了国内外专业学者和西门子人机界面制造商的大力支持。在此表示衷心的感谢。

  由于时间短，水平有限，不当之处在所难免，敬请广大读者批评指正。

编　者

目　录

第 1 章

触摸式人机界面基础知识

1.1 人机交互发展历程及用户界面

1.1.1 人机交互定义及发展历程

1. 交互及人机交互定义

（1）交互。交互（对话）是指两个或多个相关的但又是自主的实体间进行的一系列信息交换的交互作用过程，这里强调实体的自主性是为了在行为上保证对话是独立的。

（2）人机交互。人机交互是指人与计算机之间使用某种对话语言，以一定的交互方式，为完成确定任务的人机之间的信息交换过程。人机交互（Human - Computer Interaction，HCI）是一门研究系统与用户之间的互动关系的学科。系统可以是各种各样的机器，也可以是计算机化的系统和软件。人机交互界面（Human - Computer Interface，HCI），又称用户界面或使用者界面，通常是指用户可见的部分，用户通过人机交互界面与系统交流，并进行操作。

人机交互是研究关于设计、评价和实现供人们使用的交互计算机系统以及有关这些现象进行研究的科学，人机交互与人机界面是两个有着紧密联系而又不尽相同的概念。

人机交互就是人与机器的交互，本质上是指人与计算机的交互，或从更广泛的角度理解：人机交互是指人与含有计算机的机器的交互。具体来说，人机交互用户与含有计算机机器之间的双向通信，人机交互研究的最终目的在于探讨如何使所设计的计算机能帮助人们更安全、更高效地完成所需的任务。

人机交互技术是指通过计算机输入、输出设备，以有效的方式实现人与计算机对话的技术。它包括计算机通过输出或显示设备给人提供大量有关信息及提示请示等，人通过输入设备给机器输入有关信息及提示请示等，人通过输入设备给机器输入有关信息、回答问题等。人机交互技术是计算机用户界面设计中的重要内容之一，它与认知学、人机工程学、心理学等学科领域有密切的联系。

自 1946 年世界上第一台数字计算机诞生以来，计算机技术取得了惊人的发展。但计算机仍然是一种工具，一种高级的工具，它是人脑、人手、人眼等的扩展，因此它仍然受到人的支配、控制、操纵和管理。在计算机所完成的任务中，有大量是人与计算机配合共同完成的。在这种情况下，人与计算机需要进行相互间的通信，即所谓的人机交互。其实现人与计算机之间通信的硬、软件系统即为交互系统。

从计算机早期的人机界面开关、显示灯和穿孔纸带等交互装置，发展到今天的视线跟踪、语音识别、手势输入、感觉反馈等具有多种感知能力的交互装置。

2. 人机交互的发展

人机交互的发展大致可以分为以下四个阶段。

(1) 初创期 (1929—1970 年)。1959 年美国学者 B. Shackel 从人在操纵计算机时如何才能减轻疲劳出发，提出了被认为是人机界面的第一篇文献，即关于计算机控制台设计的人机工程学的论文。1960 年，Liklider JCK 首次提出人机紧密共栖（Human - Computer Closes Ymbiosis）的概念，被视为人机界面学的启蒙观点。1969 年在英国剑桥大学召开了第一次人机系统国际大会，同年第一份专业杂志国际人机研究（IJMMS）创刊。可以说，1969 年是人机界面学发展史的里程碑。

(2) 奠基期 (1970—1979 年)。在此时期出现了以下两个重要的事件。

1) 从 1970 年到 1973 年出版了四本与计算机相关的人机工程学专著，为人机交互界面的发展指明了方向。

2) 在 1970 年成立了两个 HCI 研究中心：一个是英国的 Ioughbocough 大学的 HUSAT 研究中心，另一个是美国 Xerox 公司的 PALO ALTO 研究中心。

(3) 发展期 (1980—1995 年)。在 20 世纪 80 年代初期，学术界相继出版了六本专著，对最新的人机交互研究成果进行了总结。人机交互学科逐渐形成了自己的理论体系和实践范畴的架构。在理论体系方面，从人机工程学独立出来，更加强调认知心理学以及行为学和社会学的某些人文科学的理论指导；在实践范畴方面，从人机界面（人机接口）拓延开来，强调计算机对于人的反馈交互作用，人机界面一词被人机交互所取代。

(4) 提高期 (1996 至今)。自 20 世纪 90 年代后期以来，随着高速处理芯片、多媒体技术和 Internet Web 技术的迅速发展和普及，人机交互的研究重点放在了智能化交互、多模态（多通道）-多媒体交互、虚拟交互以及人机协同交互等方面，也就是放在以人为中心的人机交互技术方面。

人机交互过程实际上是一个输入和输出的过程，人通过人机界面向计算机输入指令，计算机经过处理后把输出结果呈现给用户。人和计算机之间的输入和输出的形式是多种多样的，因此交互的形式也是多样化的，包括：数据交互、图像交互、语音交互、行为交互等。

1.1.2 人机交互用户界面

1. 命令语言用户界面

真正意义上的人机交互开始于联机终端的出现，此时计算机用户与计算机之间可借助一种双方都能理解的语言进行交互式对话。根据语言的特点可分为。

(1) 形式语言。这是一种人工语言，特点是简洁、严密、高效，如应用于数学、化学、音乐、舞蹈等各领域的特殊语言，计算机语言则不仅是操纵计算机的语言，而且是处理语言的语言。

(2) 自然语言。特点是具有多义性、微妙、丰富。

(3) 类自然语言。这是计算机语言的一种特例。

命令语言的典型形式是动词后面接一个名词宾语，即"动词＋宾语"，二者都可带有限定词或量词。命令语言可以具有非常简单的形式，也可以有非常复杂的语法。

命令语言要求惊人的记忆和大量的训练，并且容易出错，使入门者望而生畏，但比较灵活和高效，适合于专业人员使用。

2. 图形用户界面

图形用户界面（GUI – Graphics User Interface）是当前用户界面的主流，广泛应用于各档台式微机和图形工作站。比较成熟的商品化系统有 Apple 的 Macintosh、IBM 的 PM（Presentation Manager）、Microsoft 的 Windows 和运行于 UNIX 环境的 X – Window、OpenLook 和 OSF/Motif 等。当前各类图形用户界面的共同特点是以窗口管理系统为核心，使用键盘和鼠标器作为输入设备。窗口管理系统除基于可重叠多窗口管理技术外，广泛采用的另一核心技术是事件驱动（Event – Driven）技术。图形用户界面和人机交互过程极大地依赖视觉和手动控制的参与，因此具有强烈的直接操作特点。

虽然菜单与图形用户界面并没有必然的联系，但在图形用户界面中菜单的表现形式比字符用户界面更为丰富，在菜单项中可以显示不同的字体、图标甚至产生三维效果。菜单界面与命令语言界面相比，用户只需确认而不需回忆系统命令，从而大大降低记忆负荷。但菜单的缺点是灵活性和效率较差，可能不十分适合于专家用户。基于图形用户界面的优点是具有一定的文化和语言独立性，并可提高视觉目标搜索的效率。图形用户界面的主要缺点是需要占用较多的屏幕空间，并且难以表达和支持非空间性的抽象信息交互。

3. 直接操纵用户界面

直接操纵用户界面是 Shneiderman 首先提出的概念，直接操纵用户界面更多地借助物理的、空间的或形象的表示，而不是单纯的文字或数字表示。前者已为心理学证明有利于"问题解决"和"学习"。视觉的、形象的（艺术的、右脑的、整体的、直觉的）用户界面对于逻辑的、直接性的、面向文本的、左脑的、强迫性的、推理的用户界面是一个挑战。直接操纵用户界面的操纵模式与命令界面相反，基于"宾语＋动词"这样的结构，Windows 设计者称之为"以文档为中心"。用户最终关心的是他欲控制和操作的对象，他只关心任务语义，而不用过多为计算机语义和句法而分心。对于大量物理的、几何空间的以及形象的任务，直接操纵已表现出巨大的优越性，然而在抽象的、复杂的应用中，直接操纵用户界面可能会表现出其局限性。从用户界面设计者角度看有以下几个方面。

（1）设计图形比较困难，需大量的测试和实验。

（2）复杂语义、抽象语义表示比较困难。

（3）不容易使用户界面与应用程序分开独立设计。

总之，直接操纵用户界面不具备命令语言界面的某些优点。

4. 多媒体用户界面

多媒体技术被认为是在智能用户界面和自然交互技术取得突破之前的一种过渡技术，在多媒体用户界面出现之前，用户界面已经经过了从文本向图形的过渡，此时用户界面中只有两种媒体：文本和图形（图像），都是静态媒体。多媒体技术引入了动画、音频、视频等动态媒体，特别是引入了音频媒体，从而大大丰富了计算机表现信息的形式，拓宽了计算机输出的带宽，提高了用户接受信息的效率。

多媒体信息在人机交互中的巨大潜力主要来自它能提高人对信息表现形式的选择和控制能力，同时也能提高信息表现形式与人的逻辑和创造能力的结合程度，在顺序、符号信息以及并行、联想信息方面扩展人的信息处理能力。多媒体信息比单一媒体信息对人具有更大的吸引力，它有利于人对信息的主动探索而不是被动接受。另一重要原因是多媒体所带来的信息冗余性，重复使用别的媒体或并行使用多种媒体可消除人机通信过程中多义性及噪声。

多媒体用户界面丰富了信息的表现形式，但基本上限于信息的存储和传输方面，并没有理解媒体信息的含义，这是其不足之处，从而也限制了它的应用场合。多媒体与人工智能技术结合起来而进行的媒体理解和推理的研究将改变这种现状。

多媒体用户界面大大丰富了计算机信息的表现形式，使用户可以交替或同时利用多个感觉通道。然而多媒体用户界面的人机交互形式仍迫使用户使用常规的输入设备（如键盘、鼠标和触摸屏）进行输入，即输入仍是单通道的，输入、输出表现出极大的不平衡。

多媒体用户界面丰富了信息表现形式，发挥了用户感知信息的效率，拓宽了计算机到用户的通信带宽。而用户到计算机的通信带宽却仍停留在图形用户界面（WIMP/GUI）阶段的键盘和鼠标，从而成为当今人机交互技术的瓶颈。

5. 多通道用户界面

在 20 世纪 80 年代后期，多通道用户界面（Multimodal User Interface）成为人机交互技术研究的崭新领域，在国际上受到高度重视。多通道用户界面研究的兴起，将进一步提高计算机的信息识别、理解能力，提高人机交互的效率和用户友好性，将人机交互技术和用户界面设计引向更高境界。

多通道用户界面的研究正是为了消除当前 WIMP/GUI、多媒体用户界面通信带宽不平衡的瓶颈，综合采用视线、语音、手势等新的交互通道、设备和交互技术，使用户利用多个通道以自然、并行、协作的方式进行人机对话，通过整合来自多个通道的、精确的和不精确的输入来捕捉用户的交互意图，提高人机交互的自然性和高效性。国外研究（包括上述项目）涉及键盘、鼠标之外的输入通道主要是语音和自然语言、手势、书写和眼动方面，并以具体系统研究为主。

多通道用户界面与多媒体用户界面一道共同提高人机交互的自然性和效率，多通道用户界面主要关注人机界面中用户向计算机输入信息以及计算机对用户意图理解的问题，它所要达到的目标可归纳为以下几个方面。

（1）交互自然性。使用户尽可能多地利用已有的日常技能与计算机交互，降低认识负荷。

（2）交互高效性。使人机通信信息交换吞吐量更大、形式更丰富，发挥人机彼此不同的认知潜力。

（3）吸取已有人机交互技术的成果，与传统的用户界面特别是广泛流行的 WIMP/GUI 兼容，使老用户、专家用户的知识和技能得以利用，不被淘汰。

研究者心目中的多通道用户界面具有以下几个基本特点。

（1）使用多个感觉和效应通道。尽管感觉通道侧重于多媒体信息的接受，而效应通道侧重于交互过程中控制与信息的输入，但两者是密不可分、相互配合的；当仅使用一种通道（如语音）不能充分表达用户的意图时，需辅以其他通道（如手势指点）的信息；有时使用辅助通道以增强表达力。需要特别强调的是，交替而独立地使用不同的通道不是真正意义上的多通道技术，反之，必须允许充分地并行、协作的通道配合关系。

（2）三维的和直接操纵。人类大多数活动领域具有三维和直接操纵特点（也许数学的和逻辑的活动例外），人生活在三维空间，习惯于看、听和操纵三维的客观对象，并希望及时看到这种控制的结果，多通道人机交互的自然性反映了这种本质特点。

（3）允许非精确交互。人类在日常生活中习惯于并大量使用非精确的信息交流，人类语言本身就具有高度模糊性。允许使用模糊的表达手段可以避免不必要的认识负荷，有利于提高交互活动的自然性和高效性；多通道人机交互技术主张以充分性代替精确性。

（4）交互双向性。人的感觉和效应通道通常具有双向性特点，如视觉可看、可注视，手可控制、可触及等，多通道用户界面使用户避免生硬的、不自然的、频繁的、耗时的通道切换从而提高自然性和效率。例如，视线跟踪系统可促成视觉交互双向性，听觉通道在利用三维听觉定位器（3D Auditory Localizer）实现交互双向性，这在单通道用户界面是难以想象的。

（5）交互的隐含性。有人认为，好的用户界面应当使用户把所有注意力均集中于完成任务而无须为界面分心，即好的用户界面对用户而言应当是不存在界面。追求交互自然性的多通道用户界面并不需要用户明显地说明每个交互成分，反之是在自然的交互过程中隐含地说明。例如，用户的视线自然地落在所感兴趣的对象之上；又如，用户的手自然地握住被操纵的目标。

6. 虚拟现实技术

虚拟现实（Virtual Reality）又称虚拟环境（Virtual Environment），虚拟现实系统向用户提供临境（Immerse）和多感觉通道（Multi - sensory）体验，它的三个重要特点是：临境感（Immersion）、交互性（Interaction）、构想性（Imagination），这三个重要特点决定了它与以往人机交互技术的不同特点，反映了人机关系的演化过程。在传统的人机系统中，人是操作者，机器只是被动的反应；在一般的计算机系统中，人是用户，人与计算机之间以一种对话方式工作；在虚拟现实中，人是主动参与者，在复杂系统中可能有许多参与者共同在以计算机网络系统为基础的虚拟环境中协同工作，虚拟现实系统的应用十分广泛，几乎可用于支持任何人类活动和任何应用领域。

作为一种新型人机交互形式，虚拟现实技术比以前任何人机交互形式都有希望彻底实现和谐的、"以人为中心"的人机界面。多通道和多媒体技术的许多应用成果可直接被应用于虚拟现实技术，而虚拟现实技术正是一种以集成为主的技术，其人机界面可以分解为多媒体、多通道界面。从体质上说，多媒体用户界面技术侧重解决计算机信息表现及输出的自然性和多样性问题，而多通道技术则侧重解决计算机信息输入及识别的自然性和多样性问题。另一方面，交互双向性特点同时存在于这两种人机交互技术中，例如，三维虚拟声响显示技术不仅作为静态的显示，而且其交互性可使声响效果随用户头和身体的运动而改变；又如视觉通道交互双向性表现在眼睛既用于接受视觉信息，又可通过注视而输入信息，形成所谓的视觉交互。

1.2　工业触摸式人机界面

1.2.1　人机界面定义及与触摸屏的区别

1. 人机界面的定义

人机界面（Human Computer Interface）最简单的定义是：在人与机器之间通过某种界面，人能够对机器下达指令，机器则能够通过此界面，将执行状况与系统状况反馈给使用者，换言之，正确的在人机之间传达信息以及指令，就是人机界面的主要定义。

人机界面也称为人机互动（Human Machine Interface），是一个涵盖多重科技的领域，包括人因工程、人体工学、计算机科学、人工智慧、认知心理学、哲学、社会学、人类学、设计学与工程学等学科，因此不能完全以 IT 科技的角度观察与研究，甚至其中认知心理学的重要性可能比计算机科学更重要。

人机界面是人与机器进行交互的操作方式，即用户与机器互相传递信息的媒介，其中包括信息的输入和输出。好的人机界面美观易懂、操作简单且具有引导功能，使用户感觉愉快、兴趣增强，从而提高使用效率。

狭义的人机界面是计算机学科中最年青的分支学科之一，它是计算机科学和认知心理学两大科学相结合的产物，它涉及当前许多热门的计算机技术，如人工智能、自然语言处理、多媒体系统等，同时也是吸收了语言学、工业设计、人机工程学和社会学的研究成果，是一门交叉性、边缘性、综合性的学科。随着计算机应用领域的不断扩大，计算机已经变成一种商品，可以装在人们的口袋里，用来帮助人们处理日常的办公业务和生活事务，自然的人机界面与和谐的人机环境已逐步变成信息世界关心的焦点，尤其是在竞争激烈的市场环境之中，人性化的用户界面更是计算机或内藏计算机的各类装置赢得用户的重要品质。广大的软件研制人员和计算机用户愈为迫切地需要符合"简单、自然、友好、一致"原则的人机界面。

工业人机界面可连接可编程序控制器（PLC）、变频器、直流调速器、仪表等工业控制设备，利用显示屏显示，通过输入单元（如触摸屏、键盘、鼠标等）写入工作参数或输入操作命令，实现人与机器信息交互的数字设备，由硬件和软件两部分组成。

2. 人机界面与触摸屏的区别

从严格意义上来说，人机界面与人们常说的"触摸屏"是有本质上的区别的。因为"触摸屏"仅是人机界面产品中可能用到的硬件部分，是一种可替代鼠标及键盘部分功能，安装在显示屏前端的输入设备；而人机界面产品则是一种包含硬件和软件的人机交互设备。在工业应用中，人们常把具有触摸输入功能的人机界面产品简称为"触摸屏"，但这是不科学的。

人机界面产品包含人机界面硬件和相应的专用画面组态软件，一般情况下，不同厂家的人机界面硬件使用不同的画面组态软件，连接的主要设备是 PLC、PC 板卡、仪表、变频器、模块等设备。而组态软件是运行于 PC 硬件平台、Windows 操作系统下的一个通用工具软件产品，和 PC 机或工控机一起也可以组成人机界面产品。通用的组态软件支持的设备种类非常多，如各种 PLC、PC 板卡、仪表、变频器、模块等设备，而且由于 PC 的硬件平台性能强大（主要反应在速度和存储容量上），通用组态软件的功能也很多，适用于大型的监控系统中。

工业人机界面是指人操作控制设备的一个平台，该平台提供了一个程序与人的接口，是人与计算机之间传递、交换信息的媒介和对话接口，是自动化控制系统的重要组成部分。它实现信息的内部形式与人类可以接受形式之间的转换。凡参与人机信息交流的领域都存在着人机界面。触摸屏是一种通过触摸屏幕上的按钮等就可以调整参数或监视参数的人机界面。但人机界面不一定都有触摸屏，有的人机界面是在操作人机界面上安装了若干个按钮，通过按钮来监控自动化设备运行，这种人机界面的屏幕只是用来观察参数，没有触摸操作功能。触摸屏只是人机界面中的一种，人机界面还包括非触摸屏的、还有上位机、文本显示器等。

严格意义上来说，"触摸屏"是具有触摸操作功能人机界面的一种输入设备，在工厂里具有触摸输入功能的人机界面被习惯称为"触摸屏"。

3. 人机界面基本功能

一般而言，人机界面必须具有以下几项基本功能。

（1）实时的资料趋势显示。把撷取的资料立即显示在屏幕上。

（2）自动记录资料。自动将资料储存至数据库中，以便日后查看。

（3）警报的产生与记录。使用者可以定义一些警报产生的条件，比方说温度过高或压力超过临界值，在这样的条件下系统会产生警报，通知作业员处理。

（4）历史资料趋势显示。把数据库中的资料作可视化的呈现。

（5）报表的产生与打印。能把资料转换成报表的格式，并能够打印出来。

（6）图形接口控制。操作者能够通过图形接口直接控制机台等装置。

1.2.2 工业人机界面与工业自动化及发展趋势

1. 工业人机界面与工业自动化

在工业自动化行业中，人机界面最早是将实际的现场阀门、按钮、观测器等状态传递至计算机显示窗口，并向操作员提供可进行生产过程监视和操作的平台。

面对大屏幕，通过操纵手柄，可以在一个虚拟的三维工厂中自由地走动，可以随时打开工厂管路设备的阀门，可以查看仪器仪表的当前显示数据及历史数据。目前，在大部分制造工业（流程工业、离散工业）中，现代企业的生产已经从以往的车间独立管理、工段分离生产的模式，转变为统筹计划、统一调度、合理考核、关注成本的工厂整体管理和控制模式。随着大型实时数据库的成熟、网络通信技术的日益提升，以及集群等计算机技术的进一步发展，人机界面已不仅限于之前简单的状态显示和界面提供，而是逐步整合更强大的功能，如：对海量数据的过滤、隔离、汇总、分析和统计；支持现场设备的检测管理；对全厂异常状态进行监视、分级报警并给出各类故障的操作和提示指导；通过优化控制和自动执行批量任务，减少生产消耗、提高生产效率；支持 Web 化方式进行浏览；普及远程化的生产控制分析模式，提供对操作工的培训、工艺的仿真等。部分人机界面产品甚至将传统的人机界面功能与 MES、ERP 等层面的功能揉为一体。从发展趋势来说，基于工厂整体应用的人机界面正逐步往集成度更高、开放性更好、数据处理能力更强、操作更准确高效、界面更人性化的方向发展。

人机界面的应用从早期的数据监控发展到网络/多媒体而得到广泛应用，继而又开始涉足控制领域。人机界面软件也从单一的画面编辑扩展为集成系统配置、PLC 逻辑编程和HMI 画面编辑的自动化软件平台。施耐德电气 2015 年推出的 MagelisXBTGC 系列人机控制器，就是一款集成 PLC 控制功能的人机界面产品，实现了一个软件编程、一次传输程序、一个项目文件管理。而罗克韦尔自动化推出的 Factory Talk View Point 软件就是基于 Web网页的人机界面，从而使用户通过网页浏览器便能对生产运行情况进行观察和管理，远程监控工厂车间的运行状态。GE Fanuc 智能平台则通过在 Proficy HMI/SCADA 中部署组件，实现解决方案的可视化和高级分析能力。

对于虚拟现实（VR）技术人们并不陌生，经常玩 3D 游戏的人更是深有体会。但如果将虚拟现实技术运用于工控领域，并与现实中的控制室相连，VR 作为流程界面用于离线和在线解决方案，在流程行业可以说是完全创新的，它将改变 HMI 的未来，未来的控制室不应该是平面的。

IPS 推出的"身临其境的虚拟现实流程（IVR）"技术可以为一个真正的或假设的工厂，创建一个三维立体的、计算机生成的替代物。通过具有立体视觉效果的头戴式面具，用户可以进入一个完全身临其境的环境，在这个环境中他能够在工厂中任意移动。令这种自由成为可能的原因是虚拟环境是以每秒 60 帧的速度进行呈现的，这比通过传统的、非实时呈现所取得的效果要快得多。除此之外，利用 IVR 可以与工厂维护数据相连通，这样现场操作人员能够检查设备的详细信息以及设备的剩余部件。用户能够检查和评测设备的维护战略，并在执行任务之前对现场工作人员进行教育。

由于 IVR 技术能够将实时数据和新一代互动能力与软件和系统相连接，而不需要使用键盘和鼠标，所以 IVR 的这种能力能够更加有效地显示数据，并且这种能力也将超越培训层面，将 VR 应用到人机界面的一个新的维度。这种对复杂流程的模拟仿真，能使用户直接地体验到一个随着时间进行变化的环境，从而更有效地使员工在培训中所学到的技能应用到实际工作环境中。而且，由于一些平时很少演练的不稳定任务，例如，工厂停工等，都可以在一个稳定的、现实的环境中进行预演。这样，用户和操作学员有机会在预演中进行学习、甚至犯错误，从而避免让员工自己、团体或者环境遇到真正的风险。不仅如此，使用真正设备的计算机模型，可以进行无数次的实验，根本就不用设备离线，从而减轻生产的风险。由此可见，融入 VR 技术的人机界面将从培训领域逐渐发展到实时操作运营领域。

2. 工业人机界面发展趋势

工业人机界面正日益向着更详细、更有效、功能更强大的方向发展，现今的操作界面系统比以往的都要复杂，对他们所监控的处理过程提供更高精度的监视和控制。其功能可以从一个 PLC 终端到一个强大的处理平台。在它的基础形态中，界面可以做数据处理，并可以用任意一种方式发送信息给操作者，从文本信息到生动的图形。如今，由于技术的推进，应用规模也日益增大。虽然人机界面正被开发适应更多的需求，然而用户仍然不断地提出更多的要求。

连通性上的技术开发和推进是应用增长的主要理由，以太网的使用及嵌入式形态中基于 PC 技术和增强诊断能力驱动了市场的快速增长，实际上，人机界面的使用正被更多的智能器件所推动，这些包括机械视觉系统、传感器、驱动器和能同 PLC 进行通信的控制装置。以太网的广泛使用给予人机界面应用更多的机会，在已成熟的以太网另一端，人机界面系统包括用户化平台，远程控制/监测和更低的成本。

工业人机界面产品已经具备了工控机的功能，甚至比工控机更强，它综合了从软件到硬件，从显示到 CPU 核心部件，以及工控机的操作系统，包括工业以太网接口。因此，人机界面是工控机的另一种体现形式，而不仅限于显示和控制，工业人机界面产品能更好地为用户提供综合的解决方案。

鉴于这种需求，以后人机界面的改变，将在形状上、观念上、应用场合等方面都有所改变，从而带来工控机核心技术的一次次变革。总体来讲，人机界面的未来发展趋势是六个现代化：平台嵌入化、品牌民族化、设备智能化、界面时尚化、通信网络化和节能环保化。

工业人机界面的另一个新趋势是与不断更新换代的自动化市场并肩齐步，新一代的开发商们正在进入该行业，他们要求更先进和更开放的工具。工业车间中的最终用户和操作员都是与计算机、智能电话和现代化图形用户界面一同成长的。人们面对直观的图形化操作界面，而非使用说明书的期望也以同样的速度在增长，例如，近年来苹果和谷歌的安卓系统为用户友好和图形化设置一个新标准，而这最终需要行业的响应。

（1）狭长线设计。Advantech 自动化公司的 TPC-1260 触摸式平板计算机提供一个功能强大的、冷运行处理器，在一个无风扇、狭长线设计中。该器件具有 12.1-in. SVGA TFT LCD、耐久触摸屏、自由轴储存和一个 Transmeta Crusoe 5400 处理器。它提供在板的 128MB DRAM 和一个紧凑的 flash 驱动器。该部件支持 Windows XP/CE，具有一个保护等级为 NEMA 4/IPC 65 前人机界面 AL-Mg 腔体，使得它适合粗糙的环境。为了在轴自由度不是临界的地方应用，可以使用狭长型器件。

（2）UXGA 分辨率显示器。Ann Arbor 技术公司的 webLink21 高功能工业计算机集成一个大的 UXGA 21-in. 显示器，模拟耐久性触摸屏具有 NEMA 4 保护等级的铝制前斜面为标准型。主要特性包括：1.7 GHz Pentium 4 处理器、DDR RAM（upgradable to 1 GB）、在板 100/10 BaseT 以太网端口、CD-ROM、4USB 端口、附加 6 开放式 PCI 插槽。增强的 RAM、DVD 驱动器、附加 USB 端口和 NEMA 4X 不锈钢斜面是其中的选项。

（3）综合接受能力。GE Fanuc 公司推出的快速人机界面控制和清晰视觉解决方案，带有 Cimplicity 机器编辑软件的 QuickPanel 系列触摸屏和 Microsoft Windows CE 操作系统，在单独平台上的包容能力提供增强的生产能力和成本效能。触摸屏在一个有自动化软件的硬件平台上呈现灵活的、可扩展性能。Cimplicity 机器编辑器是一个开放的、集成软件包，适合机器级编程、监控和数据捕获和故障监测，以推动应用软件的开发。

（4）透明访问。Omron 电子公司 S 高级操作界面从单个屏幕上访问信息，从 PLC 到远离的三个网络。信息可以从一个以太网网络、Controller Link 网络（Omron 的专有网络），同时上行到两个串行端口。人机界面特有 4 通道视频输入模块显示来自视觉检测传感器的照相机图像。连通性给予用户广泛的网络访问数据，梯形监控工具可以监控 PLC 梯形图程序，而不需要膝上型计算机或 PC，其 NS 保护等级为 NEMA 4。

（5）扩展的触摸式人机界面。Automation Direct 公司的 EXTouch 触摸人机界面的扩展系列包括 8、10 和 15-in 狭长器件，狭长型人机界面使用 FDA 兼容的塑形材料和触摸覆盖物组成，典型的模块带有内置的数据通路附加接受能力和以太网选择卡。10 和 15-in 人机界面带有 Modbus Plus、DeviceNet、Profibus 或 Ethernet I/P 接受能力。

（6）可编程人机界面。Xycom Automation 公司推出了 GP2x01 系列触摸式可编程人机界面，它可以运行在绝大多数环境中。该器件采用铝制壳体结构，保护等级为 NEMA 4x，Class 1，Div 2 危险区域认证，紧凑的闪卡实现数据记录并直接提高了配置软件。该器件支持一个宽范围的流行的串行通信驱动器，可选择的通信扩展模块提供网络接口，可连接 DeviceNet、Profibus、Modbus Plus、AB 数据通路 Plus、AB 远程 I/O，另外附加标准的 RS 232/422/485 网络。

（7）基于文本的人机界面。Square D/Schneider 电气公司推出的 Telemecanique Magelis XBT-N 人机界面，该人机界面的保护等级为 NEMA 4X，适合室外使用，UL Class1，Div. 2 危险场所保护。线性化、小型化的基于文本的人机界面易于安装和编程，并具有快速地响应时间，来自于键盘的操作者行为或来自 PLC 的要求完成时间少于 30ms。操作人机界面使用软件的设置键可进行用户化定制，开放的标准确保了它同 Schneider 电气公司和其他第三方组件的兼容性。

1.3 工业触摸式人机界面功能及应用

1.3.1 工业触摸式人机界面功能及分类

1. 工业人机界面产品的组成

工业人机界面（Industrial Human-Machine Interface），又称触摸屏监控器，是一种智能化操作控制显示装置。

人机界面产品由硬件和软件两部分组成，硬件部分包括处理器、显示单元、输入单元、通信接口、数据存储单元等，如图 1-1 所示。其中处理器的性能决定了人机界面产品的性能高低，是人机界面的核心单元。根据人机界面的产品等级不同，处理器可分别选用 8 位、16 位、32 位的处理器。

人机界面软件一般分为两部分，即运行于人机界面硬件中的系统软件和运行于 PC 机 Windows 操作系统下的画面组态软件（如 JB—人机界面画面组态软件），如图 1-2 所示。使用者必须先使用人机界面的画面组态软件制作"工程文件"，再通过 PC 机和人机界面产品的串行通信口，把编制好的"工程文件"下载到人机界面的处理器中运行。

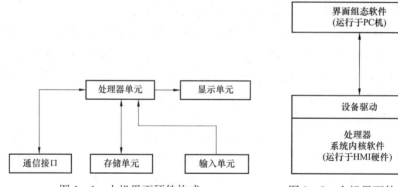

图 1-1　人机界面硬件构成　　　图 1-2　人机界面软件构成

工业触摸式人机界面是通过触摸式工业显示器把人和机器连为一体的智能化界面，它是替代传统控制按钮和指示灯的智能化操作显示终端。它可以用来设置参数、显示数据、监控设备状态、以曲线/动画等形式描绘自动化控制过程。更方便、快捷、表现力更强，并可简化 PLC 的控制程序，创造了功能强大的、友好的人机界面。触摸式人机界面作为一种特殊的计算机外设，它是目前最简单、方便、自然的一种人机交互方式。它赋予了多媒体崭新的面貌，是极富吸引力的全新多媒体交互设备。

工业触摸式人机界面具有很强的灵活性，可以按照设计要求更换或增加功能模块，扩展性强，可以满足复杂的工艺控制过程，甚至可以直接通过网络系统和 PLC 通信，大大方便了控制数据的处理与传输，减少了维护量。ROCKWELL Panel View Plus 型工业触摸屏典型结构如图 1-3 所示。

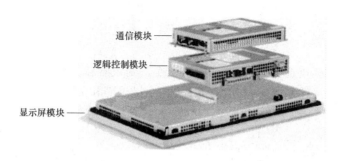

通信模块 ——

逻辑控制模块 ——

显示屏模块 ——

图 1-3　ROCKWELL Panel View Plus 型工业触摸屏典型结构

2. 工业人机界面基本功能

人机界面的基本功能如下。

（1）数据的输入与显示；系统或设备的操作状态的实时信息显示；设备工作状态显示，如指示灯、按钮、文字、图形、曲线等。

（2）在人机界面上设置触摸控件，可操作设置的触摸控件实现简单的逻辑和数值运算、数据、文字输入操作，报警处理及打印。

（3）生产配方存储，设备生产数据记录。

（4）可与多种工业控制设备组网。

（5）新一代工业人机界面还具有简单的编程、对输入的数据进行处理、数据登录及配方等智能化控制功能。

3. 工业人机界面选型指标

工业人机界面选型指标如下。

（1）显示屏尺寸、色彩及分辨率。

（2）人机界面的处理器速度性能。

（3）输入方式：触摸屏或薄膜键盘。

（4）画面存储容量［应注意厂商标注的容量单位是字节（byte）、还是位（bit）］。

（5）通信口种类及数量，是否支持打印功能。

4. 工业人机界面产品分类

工业人机界面按结构分类如下。

（1）薄膜键输入的人机界面，显示尺寸小于 5.7 in，画面组态软件免费，属初级产品。如 POP 小型人机界面。

（2）触摸屏输入的人机界面，显示屏尺寸为 5.7～12.1 in，画面组态软件免费，属中级产品。

（3）基于平板 PC 的、多种通信口的、高性能人机界面，显示尺寸大于 10.4 in，画面组态软件收费，属高端产品。

1.3.2　工业触摸式人机界面的应用

可编程序控制器在工厂自动化中占有举足轻重的地位，技术的不断发展极大地促进了基于 PLC 为核心的控制系统在控制功能、控制水平等方面的提高。同时对其控制方式、运行水平的要求也越来越高，因此交互式操作界面、报警记录和打印等要求也成为整个控制系统中重要的内容。对于那些工艺过程较复杂，控制参数较多的工控系统来说，尤其显得重要。新一代工业人机界面的出现，对于在构建 PLC 工控系统时实现上述功能，提供了一种简便可行的途径。

工业人机界面主要负责与 PLC 进行信息交换，变频器和温控模块是通过 PLC 控制的，工业人机界面不能直接控制变频器和温控模块，人机界面和 PLC 之间的信息交互往往需要通过 RS232/422/485 等接口方式进行，但这种方式存在着控制系统复杂、控制速度慢、资源消耗大等不足。

由于变频器、温控模块需要通过 PLC 控制，对 PLC 编程要求高，且控制不方便，因此控制系统十分复杂；操作人员修改某一控制参数时，需要先通过工业人机界面传送到 PLC，再通过 PLC 传输到变频器或温控模块，这种传输模式影响了设备的反应速度，因此控制速度比较慢；由于 PLC 技术具有要求高、程序量大等特点，所以对 PLC 处理能力和 CPU 要求高，甚至需要另外添加内存卡，因而资源消耗较大；如果需要改变温度范围或运动参数，用户不能直接通过工业人机界面来修改，操作很不方便。

针对传统模式的不足，提出了全新的解决方案，这种工业人机界面可以同时提供两个 COM 口，每一个口均采用 RS232/422/485 接口，可以实现两接口设备同时工作。工业人机界面可直接对 PLC、变频器和温度模块进行直接控制，而无须通过 PLC 来实现变频器和温控仪表的控制，整个系统控制效率明显提高。

这种人机控制系统具有控制效率高、节约成本等优点。工业人机界面控制系统集成了变频器和温控模块协议，可以实现设备的直接控制，例如，可以把温控模块的各种参数直接读取出来并直接修改或保存。工业人机界面的操作命令可以直接到达变频器等设备，同时变频器设备状态也可以直接显示到工业人机界面上，进而提高整体控制系统的效率和精确度。这种全新的解决方案对 PLC 的处理能力要求低、程序量小，能够节约硬件成本，同时工业人机界面拥有 12M 的内存，可以为用户提供和保存设备温度变化值、报警值以及配方等大量的设备相关参数或生产数据。

1. 工业人机界面与 PLC 之间的通信

当工业人机界面用于 PLC 控制系统时，工业人机界面与 PLC 之间通过串口以 Direct Link（直接连接）方式进行通信。在该方式下，工业人机界面根据要求直接读入 PLC 的数据或把数据写入 PLC 相应的地址中。由于内装通信协议，因此无须编制通信程序，只要指定所用 PLC 类型，即通信协议，运行时便可实现通信。因此大大减少了 PLC 用户程序的负担。在系统设计时，直接指定控制部件与其对应 PLC 的输入输出（I/O）、寄存器（R）、中间寄存器（M）的地址，运行时工业人机界面就能自动和 PLC 进行数据交换。直接读取或改写 PLC 相应地址的内容，并据此改变画面上显示内容。同时通过对工业人机界面的触摸操作，可向 PLC 相应的地址输入数据。

2. 工业人机界面监控主面

整个工业人机界面监控系统采用树型结构，由监控主画面及相应功能子画面组成。在监控主画面下端设有控制功能键，按动功能键可以依次进入相应子画面，执行所需的功能。在每一个子画面中可通过上一页、下一页功能键在同一功能组中进行画面切换，任一子画面都可以通过主画面功能键退回到监控主画面。系统自动采集相关数据，将切割计划、测量脉冲、辊道速度等一些重要生产工艺参数显示在主画面上，便于操作人员的观察。在监控主画面上还有生产过程的动态画面显示，在动态画面上以各种形式模拟出主要控制设备的运行情况，例如，光电开关的动作、电磁阀的吸合、电动机的运行停止等，直观、生动地反映出现场的过程，方便操作人员对生产情况、设备工况的了解。

工业人机界面的编程软件 SamDraw3.2 提供了丰富的控制部件，例如，按钮部件、画面切换部件、指示灯部件、数据文本显示部件等，实现上述功能只要根据需要选择相应的控制部件，定义好其属性即可。SamDraw3.2 采用监控软件通用模式，所有控制部件的属性通过组态形式完成，以实现相应控制功能。使用 SamDraw3.2 内附的图库及作图工具来构造生产现场的模拟画面，简便易行。内容丰富的作图工具库，使得画面生动、丰富多彩。而且 SamDraw3.2 还支持图片上传以及自定义图库功能，用户可以很方便地将本地图片生成为图库或控件，在以后的组态过程中可以很方便地调用。

此外，充分利用工业人机界面的优势将原先布置在控制柜上的开关、指示灯尽可能地用工业人机界面中的控制部件替代，这样做减少硬件设备，简化了现场设备间的接线，更重要的是给设计和调试带来诸多方便。

3. 工业人机界面参数设置功能

在主控系统中有多达近百个参数需要设置，根据控制功能将其分为连锁、横切、横掰、速度、掰边、纵掰及设备参数组，使整个系统的结构更加合理。同时利用工业人机界面触摸操作特性使参数设置变得极为直观和简便。在参数设定时，点击数字输入控件自动弹出系统的数字键盘进行操作。每个参数在部件属性中定义并分配了相应的 PLC 地址，当确认后输入的数据将存入 PLC 指定地址中。操作完成后，按动 ENT 键，可消去数字键盘同时完成数字输入。此种设计模式可最大化地利用画面的有效面积。同时每个参数都设有上、下限限制，当输入数值超限时，系统将拒绝接受并且不能退出键盘，待输入正确后方可退出。此外对重要的系统设备参数组，为安全起见，可以对参数设置画面设置访问权限，赋予操作人员不同的操作权限，增加系统的安全性。

4. 工业人机界面报警功能

在系统报警设计时，将故障信息在报警编辑器中编辑好，并在报警记录子画面中设置报警记录，报警显示部件用于故障信息显示。系统运行发生故障时，工业人机界面根据 PLC 传送的故障信号，将报警编辑器中对应的故障信息在报警记录子画面显示出来。同时监控主画面上的"故障"信号灯将闪烁，声响报警。此时操作人员可进入报警记录子画面，根据故障信息查找原因，及时处理。

5. 工业触摸式人机界面的相关操作系统

在工业触摸式人机界面系统中，选择操作系统，很多时使用 Windows 平台，包括：Windows 标准平台、Windows 嵌入式系统平台。Windows 嵌入式系统平台包括以下几种。

（1）Windows XP Embedded 系统。Windows XP Embedded 是以组件化的形式展示 Windows 强大优势的嵌入式操作系统，它使开发者可以快速地构造先进可靠的嵌入式设备。基于与 Windows XP Professional 完全相同的二进制文件，Windows XP Embedded 包含有超过 10000 个独立的特性组件可供开发者选择以达到管理和减小定制的设备镜像大小的最优功能特性。使用 Windows XP Embedded 构造的常见设备类型包括零售终端、瘦客户机和高级机顶盒。

Windows XP Embedded 提供工业领先级的可靠性和安全性,还提供最新的多媒体和 Web 浏览功能,还包括扩展的设备支持。另外,Windows XP Embedded 还加入了最新的嵌入式特性,如支持多重启动和存储、布置、管理操作系统镜像技术。

由于基于 Win32 编程模型,Windows XP Embedded 使开发者通过使用类似 Visual Studio. NET 的开发工具和最普通的个人计算机硬件,并且可无缝集成桌面应用程序而大大缩短了产品上市时间。

(2) Windows CE 系统。Windows CE 是一款为嵌入式市场设计的操作系统,它将一个先进的实时嵌入式操作系统同功能强大的开发工具集合在一起,用于快速开发下一代智能互连小型设备。Windows CE 有一个完整的操作系统特性集和功能全面的开发工具,包含有供开发者构造、调试和布置定制型设备所需的全部特性。

Windows CE 的组件化特性使其具备丰富的网络、通信标准、硬实时内核、丰富的多媒体和 Web 浏览能力,是为小体积的设备而优化设计的。Windows CE 可提供以下功能:

(1) 可伸缩的无线技术用于灵活地连接移动设备。

(2) 可靠地核心操作系统服务,可满足硬实时设计要求。

(3) 提供跨越设备、个人计算机、服务器和 Web 服务及丰富的个性化体验的创新技术。

(4) 内容丰富、易于使用的端到端工具集,可提高开发者的工作效率。

Windows CE 也被设计为用来帮助嵌入式开发人员构造将下一代嵌入式设备同现有框架灵活集成的可伸缩平台,比如,使用 Windows CE 构造的设备可使用户远程认证、授权、管理和更新新的应用程序和操作系统服务。

依靠对个人网(PAN)、局域网(LAN)和广域网(WAN)广泛的无线支持,包括蓝牙和 802.11,基于 Windows CE 的设备可以随时随地地保持互连。对本地和网络安全特性的支持意味着在一个移动的环境下通过这些设备产生、使用、存储和传输数据总是安全的。

Windows CE 提供可靠的核心操作系统服务,可满足种类范围宽广设备的大多数实时嵌入式设计需求。比如,嵌入式开发者使用硬实时操作系统内核支持可实现低延时、有界限的、确定的系统性能。

Windows CE 用于生成操作系统镜像平台开发工具叫作 Platform Builder(简称 PB),这是一个包含 SDK 导出工具的集成开发环境,开发者只需要使用它就可以完成全部的新建、编译、调试和布置操作系统运行时的镜像工作。要开发基于 Windows 设备上运行的应用程序,可选择支持本地代码的 Microsofte Mbedded Visual C++,或选择支持管理代码的 Microsoft Visual Studio. NET。通过使用这些平台和应用开发工具,开发者可以快速构造运行在最新硬件上具有丰富的应用程序的智能型设计。

1.3.3 工业触摸式人机界面应用定义及选择

对工业和商业计算机应用系统来说,触摸屏界面是一种广受欢迎的技术。触摸屏技术消除了对键盘或传统鼠标的需求,而且可通过代表特定任务的图标实现简单、直接的人机交互。

在工业应用中,触摸屏的这个特性有助于现场操作人员把精力集中在应用上,并且大多数操作者都能正确地使用触摸屏，而不论操作员的计算机技能如何。触摸屏成功应用的关键是选择合适的技术，并按照必需的步骤把触摸屏集成到平板显示系统中。这项工作正越来越多地由系统集成商来完成，即把触摸屏集成在标准的 LCD 系统中。

一个完整的集成式触摸屏系统的开发套件包括触摸屏、控制器、接口电缆和 LCD，系统集成商通常可根据每个用户的要求提供具有适合功能的定制系统，这对不熟悉或缺乏触摸屏设计经验的系统设计者来说尤其有用。

1. 应用定义

在定义应用时需要考虑的问题是：这个集成了触摸屏功能的平板显示系统主要应用在什么地方，是用在工业自动化系统、医疗应用系统、销售点（POS）系统或信息点（POI）系统、信息亭或自助服务亭，还是数字签名应用，是放置在室内还是室外使用；是否用在恶劣环境中；它所要求的工作温度范围；是否将在多种不同的环境中使用。

上述因素将决定如何集成触摸屏系统功能及成本，触摸屏人机界面可直接粘贴在 LCD 的前表面或显示器的边框上，为便于在损坏时更换屏幕，也可以采用机械方式安装。直接粘贴触摸传感器，或将触摸传感器安装在边框上，均要求在专门的洁净室内环境中进行，特别是直接粘贴传感器必须由受过严格培训的安装人员使用专用设备进行。采用机械方式安装的触摸传感器，是一种用来安装在显示设备外部的触摸传感器，可以通过物理设备（如支架或压力衬垫材料）将它们固定在显示设备外部。外部触摸屏对 LCD 的影响较小，并且可以在现场或维修点替换传感器时使用。在触摸屏系统集成中，触摸屏控制器的功率要求也是一个需要考虑的问题，因为许多触摸屏控制器在 5V 或 12V 直流电压下才能正常工作。

2. 触摸屏选择

每一类触摸屏都有其各自的优缺点，要了解哪种触摸屏适用于哪种场合，关键就在于要掌握每一类触摸屏的工作原理和特点。

（1）透光度。触摸屏是依附在 LCD 外面的，所以其透光率以及其抗眩、抗反射的特性相对重要。普通电容式触摸屏人机界面要做到高透光及抗眩光并不容易。一般只有 85% 的透光率，而且抗眩的效果也不佳。3M 的新一代 Clear Tek II 电容式触摸屏的透光率为 91.5%，其表面经抗眩、抗反射处理。

（2）硬度。电阻式触摸屏的表层是 PET（塑胶）材质，通常硬度是 3H，所谓 H 硬度就是铅笔的硬度，例如像 2B、HB 铅笔，使用铅笔都会知道铅笔是很容易折断的，在加上塑胶老化之后会变脆，电阻式触摸屏的表层很容易损坏，电阻式触摸屏如用在 PDA 或是其他个人使用的物品上还好，通常人们会非常爱惜自己的东西，但是假如用在公共场合，很容易因为不爱惜使用或是不当使用而遭到损坏。

3M 的新一代电容式触摸屏人机界面的表层采用 3M 独家 HardCoat 保护电容式表层，可以让电容式触摸屏人机界面的表层达到玻璃的硬度，此类电容式触摸屏就非常适合用在各种场合，因为 7Mohs 的硬度可以轻松胜任各种应用以及使用者的不当操作，Mohs 的硬度等级由一到十，最硬的等级是十：钻石。

（3）准确率。由于 PET 的物理特性，电阻式触摸屏的最好准确率只能达到 98.5%（即误差值在 1.5% 以下），而电容式触摸屏则以电流驱动，准确率则可达到 99%（即误差值在 1% 以下）。在小尺寸应用时感觉不到这 0.5% 的差异，但在大尺寸应用时，这 0.5% 的差距可能是一个按钮的面积而造成误动作。

（4）反应时间。假如只是单点触摸的话，反应时间或许还感觉不出来它的重要性，但如需要画线的话，例如用于游戏机就非常的重要，电容式触摸屏反应快，相比电阻式触摸屏翻译反应迟钝，跟不上游戏的节奏。以 3M 的新一代 Clear Tek II 电容式触摸屏为例，只要搭配 3MEX II 控制卡，反应时间就可达到 3ms。

（5）触摸屏打点寿命。通常以触摸屏打点寿命来表示触摸屏的可靠性及耐用性，电容式触摸屏的打点寿命可以说远远超过电阻式触摸屏，当然，如此优越的打点寿命是采用 3M 独家的 Hardcoat 保护电容式表层。触摸屏的可靠性及耐用性越高，需要维修及保固的费用则越少。

（6）工作高温。由于现在 CPU 的速度越来越快，CPU 的工作温度也越来越高，再加上 LCD 人机界面发光发热，现在整个系统散热是一个越来越重要的一个技术问题，电容式触摸屏在高温耐受上比电阻式触摸屏高 20℃，在系统设计时可以比较方便，而且还可以在一些特殊环境使用。

（7）抗紫外线。PET 是不抗紫外线的，因此电阻式触摸屏并不适合在户外长期使用。电容式触摸屏不怕紫外线，而且工作温度比电阻式触摸屏还高 20℃，更适合在户外接受太阳的风吹日晒。

（8）启动力量。由于电阻式触摸屏必须要压下 PET 表层才能产生电压降进而产生一个触摸，一定要施力压下去才可以启动电阻式触摸屏，有时太轻的一个触碰会无法驱动电阻式触摸屏，然而，电容式触摸屏是只要手触碰到表面，就可以形成一个触摸，不需要施加任何的力量，在使用者的观感上会觉得电容式触摸屏更灵敏。

在工业控制系统设计中，一旦决定采用触摸式人机界面，下一步就要确定哪种触摸屏技术最合适。影响选择触摸技术的各种因素很多。可以用各种方式实现触摸屏，除了成本之外，技术方面的选择取决于以下几个因素。

（1）性能。性能包括诸如速度、灵敏度、精确度、分辨率、拖动、Z 轴、多触摸方式、视差角度和校准的稳定性。

（2）输入灵活性。输入灵活性参数影响着人机交互的方式，诸如手套、手套材料、指甲、触笔、手写识别和获取签名。

（3）环境。环境因素有温度、湿度、耐化学性、耐划伤、防飞溅、液滴、高度、车内安装、冲击、振动、断裂性和防打破的安全性。

（4）电气和机械性能。电气和机械性能需要涵盖功率、浮动接地、静电放电（ESD）、电磁干扰（EMI）、尺寸大小、曲率等。

（5）光学。影响触摸技术选择的光学特性包括透光率、清晰度、色彩纯度和反射。

设计中除了必须知道 LCD 边框的全部尺寸以及 LCD 的类型（如无源矩阵或有源矩阵 TFT LCD）之外，还需考虑以下几个问题。

（1）防眩射或防反射性能。

（2）在日光下阅读所需的高亮度或高透明及反射性能，在日光阅读所要求的亮度通常为 $600cd/m^2$（尼特）或更高，具体数值依赖于其他相关性能，例如，通常由 LCD 的制造商或增值集成商提供的防反射表面处理。

（3）显示器玻璃的粘接技术要适应室外公共环境的要求。

（4）价格、性能、质量以及能否长期供货。

（5）其他需要考虑的参数还包括外部连接方式、安装方式和工作环境参数。

在工业领域和消费领域的各种应用中，电阻式触摸屏是最流行的触摸屏技术。这种压敏型触摸屏技术具有多种功能，也是最具有成本效益和易用性的触摸屏技术之一。通常，电阻式触摸屏的价格比较便宜，但缺点是光透射率一般不超过 86%（尽管也有透射率更高的产品），而且电阻层的前表面对尖锐物和腐蚀性化学制品的抵御能力较差。但电阻式触摸屏不受灰尘或水等外界污染物的影响，因电阻式触摸屏的密封度可达到 NEMA 4/4X 标准，所以大部分的主要人机界面制造商都采用了这项技术。

3. 集成触摸屏与外挂触摸屏

外挂触摸屏和集成触摸屏如图 1-4 所示，目前市场上的触摸屏基本都是外挂式触摸屏，即触摸屏和 LCD 是分别生产的，然后组装到一起。而集成触摸屏则是在 LCD 生产的同时就把触摸屏功能集成进去，因此当 LCD 模组完成时，触摸屏也同时做好。

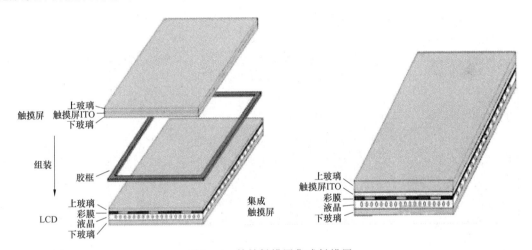

图 1-4　外挂触摸屏集成触摸屏

集成触摸屏相比外挂式触摸屏省去了多层结构以及组装的步骤，因此，集成触摸屏相比外挂式触摸屏具有更轻更薄，透光率和显示效果更好的优点。另外，如果集成触摸屏工艺发展成熟后，成本也会比外挂式触摸屏更低。

集成触摸屏主要有 on-cell 和 in-cell 两种结构，如图 1-5 所示。只要触摸屏在 LCD 上玻璃基板的外面，就是 on-cell 结构。如果所有触摸屏都做在 LCD 上下玻璃基板之间（也就是液晶盒 cell 之内）就是 in-cell 结构。

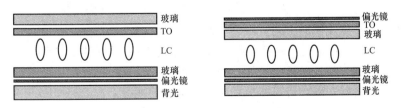

图 1-5　in-cell 和 on-cell 结构

in-cell 结构相比 on-cell 结构工艺更简单（不需要在上玻璃基板两面成膜），从而更容易控制良品率和降低成本。in-cell 结构的上玻璃基板外侧没有触摸结构，因此可以薄化上玻璃基板（on-cell 结构不可以），从而使厚度更薄。另外 on-cell 结构由于上玻璃基板外侧有触摸屏结构，因此如果不增加保护层，则容易损坏触摸屏，降低可靠性，而如果增加保护层，又会增加厚度，丧失集成触摸屏的优势。因此 in-cell 结构比 on-cell 结构更好。

但 in-cell 结构更容易受到来自 LCD 噪声的干扰（因为距离 LCD 比 on-cell 近了很多），因此实现起来更加困难。因 in-cell 技术难以确保成品率和显示性能，实用化未能取得进展。其原因在于，需要在 TFT 阵列基板上的像素内部嵌入触摸传感器功能。为此，必须使用复杂的半导体制造工艺，而降低了成品率。另外，在像素内嵌入触摸传感器，可利用的显示面积会减少，这是导致画质劣化的主要原因。

不过，随着 on-cell 技术的亮相，液晶和触摸人机界面的一体化迎来了转机。由于只需在彩色滤光片基板和偏光板之间形成简单的透明电极图案，因此容易确保成品率。另外，像素内的有效显示区域的面积也不会减小，几乎不会由此发生画质劣化现象。

如果采用 on-cell 方式的液晶-触摸一体化技术得到普及，就无须再使用外置的触摸人机界面部件。制造触摸人机界面的厂商很有可能从原来的外置触摸人机界面厂商转型为液晶人机界面和彩色滤光片厂商，产品厂商从触摸人机界面厂商手中采购外置部件的原供应链也将完全改变。

4. 选择触摸屏

（1）品质判别。电阻式触摸屏目前应用十分广泛，但使用者可能从外观无法判别触摸屏品质的好坏，在此提出一些简单的方法可以由外观上看出产品大略的品质。

1）电阻式触摸屏的贴合有水胶贴合与双面胶贴合两种，当拿到一片电阻式触摸屏时，看一下电阻式触摸屏的四周是否印有绿色的边框，如果有的话，大概可能是绝缘油墨，绝缘油墨也可能是半透明的颜色。这类电阻式触摸屏应该是水胶贴合的，绝缘油墨起到隔绝上下层线路的作用。这种做法触摸屏不耐高温，不能适合复杂的恶劣环境（如高温高湿），抗干扰能力不强。

2）出线端的设计，一般制程会在尾线与屏连接处有一个缺口，如果厂家用的胶不是高级的材料，那尾线与电阻式触摸屏本身粘着力量不够，经温度、湿度的变化，或人安装时的不注意，尾线就会造成线路断裂，此类电阻式触摸屏很容易损坏，尾线若折断要修复的机会不大。

3）将电阻式触摸屏拿在手上，用 60°角度看一下表面是否有牛顿环产生（一种让人看上去有点眩晕的彩虹纹），若有牛顿环，表示此工厂在生产过程中处理牛顿环问题经验不够。

4）用手指按电阻式触摸屏感觉一下，是不是电阻式触摸屏有上下两层，或像有气泡存在似的。若感觉到，则表示此电阻式触摸屏品质不佳。

（2）适用性。任何种类的产品都是有等级之分的，触摸屏也是，它有商业规格、工业规格、车用规格、军用规格、航天规格等，设计产品时一定选择符合应用要求的触摸屏。

举例来说，触摸屏在医疗设备的应用中，用户必须戴着手套直接操作（不使用外部指点设备）触摸屏。为满足这种应用要求，设计中可以把一个 4 线电阻式触摸传感器集成到显示器中，该显示器应选用 12.1in（对角线）、亮度为 400 尼特、具有 SVGA 分辨率、高对比度且带有 LVDS 接口的有源矩阵 LCD。

与电阻式触摸屏一样，采用表面声波技术的触摸屏可以适应任何类型物体的触摸（如手指或触摸笔）。表面声波式触摸屏具有杰出的防刮伤能力和校准稳定性（无漂移）、透光性好（92％），而且几乎不存在物理磨损问题。表面声波式触摸屏广泛用于游戏、办公自动化和室内自助服务亭（如 ATM）等领域，表面声波式触摸屏的缺点是极易受到灰尘和其他微粒的污染。在面向公众的信息亭等应用中，存在另外一些污染的威胁是雨水、雪，雨水、雪将阻断触摸屏传感器前方的声波传输，从而降低触摸屏的操作性能。

电容式触摸屏采用带有氧化锌涂覆层（已用微小电流进行了充电）的玻璃基底，当导电性触摸笔或手指接触到屏幕表面时，它将产生电容性耦合，从触摸点处吸取电流，这样，触摸屏控制器可依此确定触摸点的 X 坐标和 Y 坐标。电容式触摸屏的玻璃基底的防刮能力很强、透光性好，用其构造的触摸屏系统可达到 NEMA 4/4X 防护标准。但这项技术要求采用某种类型的导电性指向装置，而对戴手套的手指或非导电性装置没有反应，因此它不适合在工业应用和不洁净的环境中使用。

红外扫描触摸屏（也称为 IR 触摸屏）利用红外发射器、接收器对管，在离屏幕表面的一小段距离上投射出一个不可见的光网格。当光束被阻断时，接收器上的信号缺失被检测出来，并转换成触摸屏的 X、Y 坐标。红外扫描触摸屏通常使用在信息亭、游戏、零售、卫生保健和工业人机界面（人机界面）等应用中。它十分耐磨损，不受灰尘、水和其他污染物的影响（非常适用于室外的公共信息亭显示器），且没有校准漂移。不过，这种技术的应用也是有限制的，它无法检测微小的指点区域，因此不适于对分辨率要求很高的、要求捕获签名的应用（如 POS 机）。

5. 选择控制板

在选择控制板时需考虑是采用串行接口（RS-232）、USB 还是 PS/2 接口，在将触摸屏控制器与计算机主板上的 CPU 连接时，如果触摸屏控制器和触摸传感器离主机有一段距离，那么这个距离将影响接口方式的选择。例如，串行接口最多可支持 50ft 的距离，而 USB 接口一般仅支持约 16ft 的距离。采用串行接口的触摸屏控制器必须采用外部供电方式（需要一个 5V 或 12V 的直流电源），而采用 USB 接口的触摸屏控制器可以从主机系统的 USB 端口直接获取电源。

6. 选择外壳

当将触摸人机界面和触摸控制器与 LCD 和相关组件封装在一起时，需要考虑的因素有：其中最重要的是选择合适的外壳，另外，是否需要密封、是否需要达到 NEMA 级或 IP 级防护，如何处理可能的污染物（如化学制品或极热和极冷物质）也是需要考虑的问题。

评判一种触摸屏系统，技术原理只是其中的一部分，触摸屏要应用到各个领域，还要接受千触万摸，选用材料的耐用性、反应速度（使用要感觉顺畅且反应速度须小于 20 ms）、控制卡（控制卡的设计水平和工艺水平）、驱动程序（驱动程序跨操作系统平台、跨机种的通用性）和校准程序、计算机接口与技术趋势的紧跟程度、厂商的技术实力和服务承诺的可信任度，这些都是理性地选择触摸屏的重要因素。

7. 触摸式人机界面设计中需要注意的问题

所谓设计，就是要解决以上列举的问题，设计适应手指触摸的界面，并发挥触摸屏操作的优点，在已有基础上挖掘和创新操作方式。通过增大控件之间高度和间距，可以增加其可点击区域，提升触摸的精确度，与此同时还要注意以下几个问题。

（1）减少点击次数。手指的抬起和按下比鼠标点击费力。

（2）减少手指位移。手指移动不能像指针那样调整平移的速度。

（3）充分利用已有控件。如用两个控件去完成同一操作和闲置某一控件是对有限屏幕的浪费，触摸屏的界面操作应更为巧妙。

（4）尽量保证操作的可见性。可对操作进行分级处理，但不可像鼠标右键那样隐藏操作，避免用户去查找。

（5）保证初级用户的使用，提升高级用户的快捷操作。如用户为初级用户，使用点击和平移这样的基础手势就能完成所有操作，在此之后，将多种操作手势作为快捷操作，以提升操作效率。

（6）发挥手势操作的优势。如果应用特别的手势能提高操作效率和更好的操作体验，应注意引导用户学习操作。将手势限定在点击和平移，并不意味着将界面的操作按手机操作系统那样去做，平移手势也能变成输入方式、功能选择和界面间灵活切换等。

8. 触摸式人机界面设计中的噪声、功耗和校准性能

在触摸式人机界面设计中，首先要先确定应用的范围及需求，包括触摸屏的尺寸及分辨率等。根据要求选择用电容式、红外式、表面声波式还是电阻式触摸屏，然后根据要达到一定的信噪比和线性度来保证最后触摸屏的性能。其中，噪声、功耗和校准是必须重视的三项性能。

（1）功耗。尽管目前电池技术的体积容量比越来越高，寿命指标也得到提高，但是，保持触摸屏的功耗尽可能低是至关重要的，之所以重要是因为触摸屏系统的复杂性急剧增长。此外，终端用户正期待着每一次电池充电之后，电子设备能够被使用更长的时间。

触摸式人机界面由触摸板、触摸屏控制器和主处理器等部分组成，触摸板和触摸屏控制器之间的模拟接口对触摸屏功耗的影响最大。影响这种模拟接口的主要因素是系统电源（V_{DD}）、人机界面电阻和人机界面的 ON：OFF 时间比。如果没有稳定时间，一般来说，降低人机界面和模拟接口的功耗的指导方针就是采用具有较高电阻的触摸屏并保持应用的 ON：OFF时间比为低，从而降低系统的功耗。如果电路中增加一个抑制噪声的电容网络，随着时间的推移，电阻较低的触摸板将消耗较低的总功率。

影响触摸屏控制器和主处理器数字接口功耗的主要因素是高数字流量引起的串行总线的功耗，对数字转换结果进行平均处理，可以降低触摸屏控制器对主处理器的影响以及数字接口的功耗。如果触摸屏控制器在数据被传输到主处理器之前过滤坐标数据，触摸屏控制器与主处理器之间的数字接口的功耗就不高。当人机界面处于 ON（打开）状态时，触摸屏将通过模拟接口消耗大量的功率。

如果低功耗是设计要控制的目标，应特别注意模拟电源的关闭策略、巧妙实现 ADC/处理器的数字接口、并优化触摸屏的控制算法。

（2）噪声。噪声是电子设备不可避免的问题之一，在触摸式人机界面中，噪声主要来自 LCD 背光电路。另外，作为一种人机接口，由于操作者和操作环境可能引入静电和电磁脉冲，这也是潜在的噪声来源。通常，这些噪声是通过触摸屏控制器，从模拟输入电路进入系统的。因此，在输入电路采取措施可以有效降低噪声，这些方法包括：

1）优化 PCB 布线，互连应该尽可能短，投射电容式触摸屏的电源应采用高阶逐次逼近寄存器（SAR）类型的 ADC，并采用适当的滤波处理。

2）在电源和地之间放置旁路电容，且应尽可能地靠近投射电容式触摸屏。平均或过滤每一个触摸坐标中的多重取样率。具体实施位置有两个：主处理器软件和投射电容式触摸屏硬件，而后者效果更好一些，并在降低数字接口通信量和主处理器开销方面具有优势。

（3）校准。实际上，传统的鼠标是一种相对定位系统，只和前一次鼠标的位置坐标有关。而触摸屏则是一种绝对坐标系统，要选哪就直接点哪，与相对定位系统有着本质的区别。绝对坐标系统的特点是每一次定位坐标与上一次定位坐标没有关系，每次触摸的数据通过校准转为屏幕上的坐标，不管在什么情况下，触摸屏这套坐标在同一点的输出数据是稳定的。不过由于技术原理的原因，并不能保证同一点触摸每一次采样数据都是相同的，不能保证绝对坐标定位，也就是"点不准"，这就是触摸屏的漂移问题。对于性能质量好的触摸屏来说，漂移的情况出现的并不是很严重。

触摸屏产品通常需要在加电时校准，以典型 4 线电阻式触摸屏系统为例，触摸传感器位于 LCD 显示屏表层。对触摸屏施压后，触摸屏控制器会感应到压力，并对 X 轴与 Y 轴坐标进行测量。很多误差源会影响该测量结果的准确性与可靠性，其中大多数误差都是由于电子噪声、比例系数以及机械不同轴性等问题造成的。其中，比例系数与机械不同轴性源于触摸屏与显示屏的部件装配，通常系统中的触摸屏控制器与显示屏具有不同的分辨率，因此，需要通过比例系数将彼此坐标进行匹配。实际的比例系数会随部件的不同而有所差异，需要通过校准来减少乃至消除不匹配的情况。

触摸屏的校准需要将触摸屏控制器报告的坐标转换为准确反映该点与图形在触摸屏与 LCD 上所处位置的坐标。通过一系列比例系数来获得校准结果，纠正由于机械不同轴性引起的移动与转动误差。

9. 触摸屏外观设计

实际上，如果产品上有一个 LCD 或键盘，设计中可能需要考虑如何才能设计出一个利用触摸技术的产品。但在设计触摸式人机界面时，有许多种不同的解决方式，有各式各样的性能，当然也需要各种不同的设计考虑。因此现在是需要深入理解该技术，并对产品系列进行评估，搞清所设计触摸屏产品的特性。只有这样，才能成为市场上的领先者，而良好的外观设计是设计的出发点。

在触摸屏供应链上的许多提供商通常提供许多不同的组件，而更多的是一些提供商联合起来为终端用户提供一个价值链。如图 1-6 所示给出了触摸式人机界面的构成图，无论是在最新的笔记本计算机，或最新的触摸屏手机中，该结构都是一样的。

10. 触摸式人机界面画面设计

触摸式人机界面是一种新型可编程控制终端，是新一代高科技人机界面产品，适用于现场控制，可靠性高，编程简单，使用维护方便。在工艺参数较多又需要人机交互时使用触摸式人机界面，可使整个生产的自动化控制的

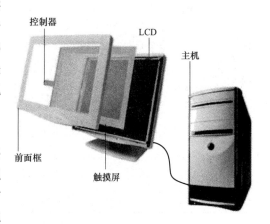

图 1-6 触摸式人机界面的构成图

功能得到大大的加强。

触摸式人机界面的画面是采用专用软件进行设计，设计完成后先通过编程计算机仿真调试，认为正确后再下载到触摸式人机界面。所设计的触摸式人机界面画面总数，应在其存储空间允许的范围内，各画面之间尽量做到可相互切换。

（1）主画面的设计。一般情况，可用欢迎画面或被控系统的主系统画面作为主画面，从该画面可进入到各分画面。各分画面均能一步返回主画面。若是将被控系统的主系统画面作为主画面，则应在画面中显示被控系统的一些主要参数，以便在此画面上对整个被控系统有大致的了解。

（2）控制画面的设计。该画面主要用来控制被控设备的启停及显示 PLC 内部的参数，也可将 PLC 的参数设定在其中。该种画面的数量在触摸式人机界面画面中占的最多，其具体画面数量由实际被控设备决定。

（3）参数设置页面的设计。该画面主要是对 PLC 的内部参数进行设定，同时还应显示参数设定完成的情况。实际制作时还应考虑加密问题，限制闲散人员随意改动参数，对生产造成不必要的损失。

（4）实时趋势页面的设计。该画面主要是以曲线记录的形式来显示被控值、PLC 模拟量的主要工作参数（如输出变频器频率、温度趋线值）等的实时状态。

（5）信息记录页面的设计。该画面主要是记录可能出现的设备损坏、过载、数值超范围和系统急停等故障信息。另外该画面还可记录各设备启停操作，作为凭证。

（6）节能画面的设计。该画面主要是记录和显示变频器的累积用电数及实时节电状态，以便向用户展示变频节能的好处，也可用来与其他的节电测量作比较。

（7）运行状态画面的设计。该画面主要是各种设备运行状态的集中显示情况。

1.4 西门子人机界面特性及分类

1.4.1 西门子人机界面特性

西门子人机界面也称为西门子触摸屏，西门子人机界面的所有显示尺寸的产品都有全集成功能，能满足工业领域内用户所有应用需要。西门子人机界面在各个工业领域内的众多应用中证明了其自身价值，并在这些领域内的不断创新得到加强，例如，用于完成要求苛刻的可视化任务的西门子精智人机界面。西门子人机界面不仅有创新设计，而且具有高性能。它的独特之处是可通过西门子 WinCC V11 进行组态，该软件是"TIA 博途"这一全新工程软件平台的组成部分，支持以前从未有过的能效管理。西门子人机界面具有以下特性。

1. 集成功能跨越所有显示尺寸

西门子人机界面产品系列具有清晰的结构，以下两个产品系列涵盖了绝大多数人机界面应用。

（1）西门子精简人机界面适用于简单人机界面应用。

（2）西门子精智人机界面适用于复杂应用。

同一系列中操作屏的硬件功能完全相同，可针对特定应用来选择最佳显示尺寸，并决定是通过触摸屏还是通过按键屏来实现操作任务。可以对软件进行扩展，以适应人机界面或

SCADA 解决方案，满足相应自动化任务的要求。其优点是，能够从较小的规模开始，并随时增加变量数目，而不会带来任何问题。

西门子移动式人机界面分有线和无线两种版本，无线移动人机界面通过无线工业以太网实现全集成安全功能，而此前该功能只支持有线移动人机界面。移动式人机界面可通过无线方式控制与监视生产过程，并具有全集成的安全功能，可用于工厂中非常重要或难于观察的装置进行控制与监视，移动式人机界面的显著优点是：调试工程师、机器操作员或维修人员可在他们能够最佳观察工件或过程的位置工作。

2. 支持独一无二的高效率

使用西门子 WinCC V11，可直观地对西门子人机界面进行组态。通过将 WinCC V11 集成到"TIA 博途"这一全集成自动化共享工程框架中，并使用西门子控制器这样的全集成自动化组件，以实现效率的提高。与 STEP 7 的完美协同可防止数据的多重输入，并始终确保数据管理的一致性。

3. 满足工厂级应用

西门子人机界面具有坚固的设计，其前端具有 IP65/NEMA 4 防护等级，并具有很高的电磁兼容性和抗振性，适合应用于条件十分恶劣的工业环境中。

4. 可选的操作模式

西门子人机界面即可通过按键操作，也可通过触摸屏操作，有些人机界面可同时进行按键和触摸操作。

5. 高清晰的显示屏

西门子人机界面具有大屏幕、高亮度和高对比度的显示屏，从而极大地优化了操作员控制和监视。基于文本或像素图形、彩色或单色，3～19 in 显示屏以及现在的 4 in 宽屏格式的显示屏一应俱全。带有宽屏幕显示屏的人机界面的可视化区域可增加高达 40%。带 LED 背光照明的显示屏具有很长的使用寿命。

6. 连接控制器和 I/O 设备

在一般情况下，西门子人机界面可通过 PROFINET/以太网和 PROFIBUS 进行通信，通过 USB 等扩展接口，可以连接像打印机这样的输入/输出设备。

7. 软件可集成和可扩展

西门子人机界面通过集成的软件工具 WinCC flexible 进行组态，WinCC flexible 经过扩展后可适用于不同性能级别的人机界面。

8. 适合全球使用

西门子人机界面通过几大主要出口国的相关认证，除了具有 5 种组态语言（德语、英语、法语、西班牙语和意大利语）的 WinCC flexible 标准版，还有一种带有 4 种亚洲语言的亚洲版。自动文本翻译和文本导出/导入功能支持多语言组态。在一个项目中还可管理多达 32 种语言。

9. 面向各种自动化系统的开放性

可用于西门子 S7 的各种接口选件、适用于非西门子控制器的驱动器以及通过 OPC 进行独立于供应商的通信，确保了与多种自动化解决方案的正确连接。

1.4.2 西门子人机界面分类及特点

1. 西门子按键式人机界面

西门子按键式人机界面便于安装和预组装，可以进行简单的直接操作，并且接线简单，与常规接线相比，这种人机界面可节省高达90％的时间。同时还提供有故障安全型人机界面，防护等级IP65。

西门子按键式人机界面如图1-7所示。可用于设计遵循"即插即用"原则的常规人机界面，这样就无需花费很多时间去进行常规人机界面所必需的单独组装与接线。只需要按照安装尺寸要求进行开孔，并准备用于连接控制器的PROFINET电缆。

西门子按键式人机界面通过PROFINET连接控制器，通过一个本身集成的两端口以太网交换机，可以配置成线性环形拓扑网络。通过适当的安装方式，这些按键式人机界面非常适合安装到全防护人机界面设备的扩展单元中。人机界面的正面可以达到IP65防护等级。西门子按键式人机界面有KP8和KP8F两种。

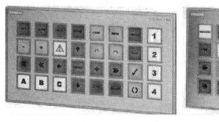

图1-7 西门子按键式人机界面

（1）KP8是一种带8个大号按键和LED背光照明的按键式人机界面，可通过STEP 7的硬件组态来设置五种颜色（蓝、绿、红、黄、白）和按键的亮度。可对这些按键分别进行标记，并使它们具有触觉反馈。这样，即使戴着手套操作，也能可靠操作这些按键。标准型KP8具有8个输入/输出，用于直接连接传感器和执行器。

（2）KP8F是故障安全型西门子按键式人机界面，借助于PROFIsafe集成通信，这种人机界面可用于西门子S7-300F/400F的故障安全操作，实现简单的急停应用。KP8F的两个附加故障安全输入可用作SIL2安全等级急停按钮。如果只将一个急停按钮连接到一个输入，可达SIL3安全等级。KP8F可通过PROFINET由两个故障安全控制器来共享。

西门子按键式人机界面其突出特点如下。

（1）可任意配置的大号按键，具有触摸反馈，即使戴着手套也能可靠操作。

（2）LED背光照明具有五种可选颜色，用于显示各种机器状态。

（3）集成以太网交换机，支持线性环形拓扑网络。

（4）非常适合安装在全防护人机界面设备的扩展单元中。

（5）故障安全型可连接一个或两个急停按钮或其他故障安全信号。

2. 西门子移动人机界面

西门子移动人机界面具有一个串口和一个MPI/PROFIBUS-DP接口，两个接口都可以用于传送项目，具有棒图、趋势图、调度器、打印、带缓冲的报警和配方管理功能，用CF卡备份配方数据和项目。西门子Mobile Panel 170移动人机界面如图1-8所示。

西门子移动人机界面既可以有线操作，也可以通过工业以太网方式无线操作，不管是有线操作，还是通过无线工业以太网进行的无线操作，西门子移动人机界面可对整个工厂进行移动操作与监视。不管是在调试、维护期间还是在生产期间，使用移动人机界面能移动观察整个工业现场过程，在屏幕上显示访问相关的过程信息全局，一般应用在十分重要的场合，是对全局进行移动操作和监视的有力工具。人机界面的防护等级为IP65，从1m以上高度坠落也安然无恙，非常适合在恶劣的工业环境中使用。无需中断操作即可将大容量电池更换，从而确保系统操作顺利运行。移动人机界面的突出特点如下。

(1) 设计坚固，适合工业应用。

(2) 操作舒适，结构紧凑，质量轻。

(3) 支持热插拔，使用灵活。

(4) 启用和停用不中断急停电路（使用增强型接线盒）。

图1-8 Mobile Panel 170 移动人机界面

(5) 采用高等级安全设计，操作可靠。

(6) 连接点检测功能。

(7) 集成接口：串口、MPI、PROFIBUS 或 PROFINET/以太网口。

(8) 调试时间较短。

3. 西门子精简人机界面

西门子精简系列人机界面提供了需要的基本功能，经济实用，在价格和性能之间，达到了完美的平衡。精简系列人机界面具有众多标准的软件功能，例如，报警系统、配方管理、趋势功能和语言切换。

精简人机界面的显示尺寸为3～15in，分为触摸式或键控式，属于广大用户常用系列。针对操作员控制，可选择触摸人机界面或按键式人机界面，或使用这两种操作方式组合在一起的人机界面。4in 和 6in 人机界面也可进行竖直安装，进一步提高了灵活性，还带有附加的可任意配置的控制键，西门子精简人机界面如图1-9所示。其突出特点如下。

(1) 适用于不太复杂的可视化应用。

(2) 所有显示屏尺寸具有统一的功能。

(3) 显示屏具有触摸功能，可实现直观的操作员控制。

(4) 按键可任意配置，并具有触觉反馈。

(5) 支持 PROFINET 或 PROFIBUS 连接。

(6) 项目可向上移植到西门子精智人机界面。

图1-9 西门子 HMI 精简人机界面

4. 西门子精智人机界面

西门子精智人机界面可进行触摸操作或按键操作，西门子精智人机界与以前的西门子人机界面相比具有众多创新，其中一点是，能够在停机期间通过 PROFIenergy 来协调和集中关断设备显示屏，以便降低能量消耗。

西门子精智人机界面具有适用于所有显示屏尺寸（4～12in）的集成高端功能，从而能够满足上述要求以及更多要求。西门子精智人机界面的特点是能实现能效管理，带集成诊断功能，比精简人机界面又高了一级，适用于复杂的操作画面。

西门子精智人机界面的宽屏幕显示将可视化区域增加了高达40%，从而针对复杂操作画面提供了扩展显示区域。这种显示屏还能够清晰划分应用监视和应用操作到不同区域。西门子精智人机界面具有 4、7、9in 和 12in 宽屏幕显示。1600 万色高分辨率显示可提供详细的过程显示和最佳可读性。同时，这种显示屏的可视角度可达 140°，便于读取。显示屏的亮度调节范围可达 0～100%，可满足不同应用的要求。例如，亮度调节对于船舶上的应用来说十分重要，可以减少电能消耗。西门子精智人机界面如图 1-10 所示，其突出特点如下。

（1）精智人机界面都具有相同的集成高端功能，具备高性能，例如，它的显示画面生成时间很短。无论显示屏的尺寸如何，精智人机界面都具有归档、VB 脚本和不同的视图浏览器，用于显示工厂文档（如 PDF 文档）以及 Internet 页面。

（2）精智人机界面的宽屏幕显示尺寸从 4～12in，可进行触摸操作或按键操作。可根据可用的现场空间大小以及所需的可视化面积选择显示屏幕的尺寸。触摸式精智人机界面可竖直安装，作为触摸操作的替代方法，也可以选择可任意配置按键功能的按键式精智人机界面。

图 1-10 西门子精智人机界面

（3）有效的节能管理，通过标准化的 PROFIenergy 协议，能够以集中和协调的方式将暂时不用的负载关闭，并对测量的能量值进行记录。这样，就可在短暂休息期间将精智人机界面的显示屏关闭，以降低电能消耗。

（4）西门子精智人机界面的一个新的特性是，系统诊断功能与西门子控制器协同发挥作用。以前需要使用编程设备才能获取的诊断信息，现在可通过精智人机界面来读取。

（5）按键式精智人机界面的直观操作控制与成熟的手机键盘相当，可方便、快速地进行输入。所有功能键都配有 LED 灯。操作各个按键时可产生视觉回馈，便于操作员进行操作。为了提高可靠性，所有按键在按下时都会产生触觉反馈。

（6）精智人机界面具有集成的电压故障保护功能，在发生电源故障的情况下，可有效保护所有数据，无需使用不间断电源。一个创新之处就是，甚至对于插入式 SD 卡上的数据，也将提供电源故障保护。万一发生电源故障，可确保 100% 的数据安全性。

（7）西门子精智人机界面可以连接到 PROFINET 和 PROFIBUS 网络中，并且提供了用于连接 USB 外围设备的接口。可以使用标准电缆并通过 PROFINET/以太网或 USB 来下载 HMI 项目，无需使用特殊电缆。各种设备参数设置可在组态期间进行。无需在设备上进行附加设置，这样就简化了调试过程。项目数据和设备参数将被保存在设备中的系统卡里，并保持自动更新，该系统卡也可用于将项目传输到其他设备。通过 PROFINET，通常可方便地将设备集成到现有工厂结构中，并提供可靠的投资保护。

（8）西门子精智人机界面坚固耐用，通过了多种认证，适合在世界各地以及在具有较高要求的领域中使用。从 7in 型号起的精智人机界面都具有耐用的压铸铝外壳。它们已根据 ATEX 指令的防爆危险区 2 区和 22 区进行认证，因此可在危险区域内使用。另外，所有精智人机界面都取得了船舶认证。

5. 全防护西门子人机界面

全防护西门子人机界面是一款极为坚固的操作员人机界面，其是对成熟的内置式人机界面系列的补充。全防护西门子人机界面可安装在支撑架或悬臂上，具有 IP65 防护等级，可提供全面保护。它们具有极为坚固的设计，适合在十分恶劣的工业环境中应用。

全防护西门子人机界面通过灵活的机械结构，可将这些设备安装在各种支撑件和托架上。这样，就可在各种机器上以最佳方式使用这些人机界面，无需使用控制柜。这种使用方式将促进在工厂或生产线的各个位置上实现舒适操作。通过位于设备顶部或底部的接头，可将这些设备与不同厂商的支撑架系统相连。顶部和底部连接均为标准连接方式。

全防护西门子人机界面由于质量较轻，可方便和快速地进行安装。背板很容易拆卸（例如，随后安装电缆或更换存储卡时），从而确保在设备已安装到机器上之后，便于维护。用户可以对全防护西门子人机界面进行模块化扩展。相应的扩展单元可安装到操作员人机界面的左侧或右侧。这样就可方便地使用装置特定的机械按钮或其他附加单元（如急停按钮）对系统进行扩展，从而满足众多不同的要求。甚至在安装之后，整个系统仍能保留 IP65 防护等级。

6. 西门子瘦客户端

在机器设备或工厂的控制系统中，可以将西门子瘦客户端用作经济的分布式操作终端。通过这些操作终端，可在工厂范围内访问当前过程值和所有分布站点的本地画面。它可通过 PROFINET/以太网进行通信，因此，机器级的功能也可在控制室或办公室中使用，或可将西门子 WinCC、办公室或 IT 功能直接应用于现场的机器。

若需要在操作单元与人机界面（如精智人机界面）之间保留很长的距离，则应使用西门子瘦客户端。这些经济而灵活的操作单元也可用于通过 PROFINET/以太网来访问各种人机界面设备或 PC。西门子瘦客户端的操作可通过触摸屏进行，或通过连接到 USB 接口的外接键盘或鼠标进行。

目前，客户机—服务器架构已成为传统 IT 环境的一个固定特征，其优点在于，仅在服务器上才需要"昂贵的"计算性能，低成本客户机用于在网络中实现其各自的应用。瘦客户机仅用于输入和输出数据，实际的数据处理由服务器来完成。软件本身仅在服务器上运行，这样就降低了维护和更新费用。

作为不带硬盘和风扇的远程操作员终端，西门子瘦客户端可在具有极高机械坚固性要求（如抗振性）的机器上运行。通过将瘦客户机直接连接到 PROFINET/以太网，可将多个操作员站连接到一台服务器。瘦客户机通常通过像远程桌面（RDP）、虚拟网络计算（VNC）或 Citrix 这样的标准协议进行通信。

目前，每个 Microsoft 操作系统中都包括 RDP，只需将其激活即可。瘦客户机可通过 RDP 来访问服务器的桌面，并执行远程操作。VNC 和 RDP 间的主要差别是，VNC 将在连接了两个或更多操作单元的情况下，显示一个"克隆"桌面。

通过 RDP 以及一个非服务器操作系统，一次只能有一个操作单元处于激活状态，并对服务器进行操作。在这种情况下，所有其他的站都会显示登录窗口。Citrix 经常用于高度复杂的客户机/服务器架构。其原理是，将在服务器对可由客户机访问的应用程序进行定义。客户机随后可自动连接到服务器上发布的应用程序上。通过西门子瘦客户端以及像 Sm@rt-Server 这样的协议，可在工业环境中访问可视化软件西门子 WinCC。

服务器可以是一个西门子精智人机界面或一台 PC，可以操作两台或更多台瘦客户机，具体取决于服务器的性能。其优点是，若更改人机界面项目，则只需要在服务器上集中执行一次修改即可。使用瘦客户端，也可针对 SCADA 应用生成低成本且灵活的结构。

西门子防爆型瘦客户端可安装在离相关计算机单元任意距离处，通过以太网连接，作为普通瘦客户端或防爆型瘦客户端无需采取特殊措施，如果其外壳进行附加认证，可直接安装在危险区 1/21 和 2/22 中。

第 2 章

西门子人机界面

2.1 西门子人机界面承担的任务及 WinCC flexible 组态软件

2.1.1 西门子人机界面承担的任务

在工艺过程日趋复杂、对机器和设备功能的要求不断增加的环境下，获得最大的透明性对操作员来说至关重要，人机界面（HMI）提供了这种透明性。人机界面是人（操作员）与过程（机器/设备）之间的接口，PLC 是控制过程的实际单元。因此，在操作员和 WinCC flexible（位于 HMI 设备端）之间以及 WinCC flexible 和 PLC 之间均存在一个接口。西门子人机界面提供了一个全集成的单源系统，用于各种形式的控制和监控任务，西门子人机界面承担的任务如下。

（1）过程可视化。设备工作状态显示在人机界面设备上，显示画面包括指示灯、按钮、文字、图形、曲线等。人机界面上的画面可根据过程变化动态更新，这基于过程的变化。

（2）操作员对过程的控制。操作员可以通过 GUI（图形用户界面）来控制过程，例如，操作员可以预置控件的参考数值或者起动电动机。

（3）显示报警。过程的临界状态会自动触发报警，例如，当超出设定值时显示报警信息。

（4）归档过程值和报警。人机界面可以记录报警和过程值，该功能可以记录过程值序列，并检索以前的生产数据，并打印输出生产数据。

（5）过程值和报警记录。人机界面系统可以输出报警和过程值报表，例如，可以在某一轮班结束时打印输出生产数据。

（6）过程和设备的参数管理。人机界面可以将过程和设备的参数存储在配方中，例如，可以一次性将这些参数从人机界面下载到 PLC，以便改变产品版本进行生产。

西门子人机界面采用通用的应用程序，多语言支持，全球通用；可以集成到所有自动化解决方案内；内置所有操作和管理功能，可简单、有效地进行组态；可基于 Web 持续延展，采用开放性标准，集成简便；集成的 Historian 系统可作为 IT 和商务集成的平台；可用选件和附加件进行扩展；适用于所有工业和技术领域的解决方案。

2.1.2 WinCC flexible 组态软件

1. WinCC flexible 特色

WinCC flexible 是德国西门子（SIEMENS）公司工业全集成自动化（TIA）的子产品，是一款面向人机界面的软件。WinCC flexible 用于组态用户界面以操作和监视机器或设备，为面向解决方案的组态任务提供支持。WinCC flexible 与 WinCC 十分类似，都是组态软件，而前者基于人机界面，后者基于工控机。

WinCC flexible 工程组态软件可对所有 SIMATIC 人机界面直至基于 PC 的可视化工作站进行集成组态。WinCC flexible 是适用于各种人机界面应用的组态软件，包括操作人机界面、移动式人机界面、人机界面式 PC、工控机以及嵌入式应用。WinCC flexible 具有以下特色。

（1）WinCC flexible 确保了最高的组态效率。WinCC flexible 的高效组态方式包括强大的项目向导，丰富的智能工具，可重复使用的可扩充图库。带有现成对象的库、可重用人机界面、智能工具，以及多语言项目下的自动文本翻译。根据价格和性能的不同，提供有多种版本的 WinCC flexible。

各版本 WinCC flexible 相互依赖，经过精心设计可满足各类操作人机界面。在较大的软件包中通常还包含用于组态小软件包的选项，现有项目也可轻松重复使用，通过功能块技术将组态成本降至最低，可重复使用的对象以结构化形式集中存储在库中。WinCC flexible 包含大量可升级、可动态变化的对象，用于创建人机界面。对人机界面进行的任何更改仅需在一个集中位置执行即可，随后在使用该人机界面的任何地方，这些更改都会起作用。这样不仅节省时间，而且还可确保数据的一致性。

（2）高效的智能组态工具。基于表格的编辑器简化了对相似对象类型（如变量、文本或报警）的生成和处理，对于诸如定义运动路径或创建基本的操作员提示等更复杂的组态任务，可通过图形组态的方式简单实现。

（3）通过 PROFINET IO 实现实时操作。177 和 277 系列的新型西门子人机界面现在也支持实时 PROFINET IO，因此，在某些对时间要求严格的情况，除了通过 PROFIBUS 使用 DP 直接键来实现，也可基于工业以太网来实现。

（4）操作和显示选件。WinCC flexible 的可视化是通过包括参数化人机界面和工艺人机界面兼容的 Windows 用户界面来实现。

（5）报警。WinCC flexible 可生成离散报警、模拟报警以及通过 Alarm_S 消息报警过程（利用 SIMATIC S7）得到的消息，用户定义的报警级别可用于定义确认功能和报警级别的可视化。

（6）记录和报表。WinCC flexible 允许由时间和事件触发对记录和报表的输出，可自由选择布局。

（7）访问保护。如果需要，可激活访问保护，管理员可创建具有特权的用户组。

（8）记录过程数据和报警。使用 WinCC flexible/Archives 进行归档的过程值和报警可用于记录和评估过程数据，过程序列被记录下来，同时可监视运行性能和产品质量，并记录反复出现的故障情况。

（9）配方管理。WinCC flexible 2007 增加了对于微型操作屏新功能的支持，包括配方功能、趋势图功能和离线模拟功能。WinCC flexible/Recipes 用于管理包含相关设备或产品数据的配方。通过选件进行灵活扩展远程维护，简化了服务和支持 WinCC flexible/Smrt Service 选件，允许通过 Internet Explorer 在一台 PC 上访问兼容 PROFINET/以太网的人机界面和多功能人机界面。还可通过 SMTP（Simple Mail Transfer Protocol，简单邮件传输协议）服务器将电子邮件自动从人机界面传送给维护人员。使用电子邮件/文本消息网关，可对标准网络进行访问，也可在紧急情况下向移动电话发送文本消息。

（10）独立于供应商的 OPC 通信。WinCC flexible 在普通 PC 上也可实现高性价比的上位机监控系统，可更灵活地使用 VB 脚本、数据库访问、文件读写、OPC 通信等高级功能。采用 WinCC flexible/OPC Server 选件，多功能人机界面可通过以太网利用 TCP/IP 协议与各种 OPC 兼容应用程序（如 MES、ERP 或办公应用程序）进行通信。

（11）客户端/服务器功能和工厂范围的数据交换。通过 WinCC flexible/Smrt Access 选件，兼容 PROFINET 的人机界面和多功能人机界面可通过 PROFINET/以太网或 Intranet/Internet 相互通信。

（12）过程错误诊断增强设备可用性。WinCC flexible 可实现过程诊断，快速定位和排除过程故障，最大限度地减少设备的故障时间。WinCC flexible/ProAgent 可对由 SIMATIC S7 控制的机器和设备进行具体的过程诊断。在发生过程故障时，ProAgent 将会采集故障位置和原因的信息，并进行故障排除。运用 WinCC flexible 可方便的实现远程系统诊断、远程访问控制等高级功能，如报警时自动发送电子邮件和短消息，可利用 IE 浏览器或 Excel 在线读取人机界面过程数据。

（13）WinCC flexible 支持多语言组态（最多可达 32 种）和多语言运行，多语言项目全球通用。WinCC flexible 可以方便地移植已有的 ProTool 项目，使投资得到保障，WinCC flexible 支持更多的通信方式和 PLC。

（14）WinCC flexible 具有完善的用户管理机制，同时可实现整个项目组态过程的版本管理和运行时的审计跟踪。

（15）WinCC flexible 具有创新的人机界面概念，包括灵活的分布式操作站、中央归档和集中数据分析，人机界面之间的数据交换。

（16）WinCC flexible 可方便地与 STEP 7 集成，实现 TIA，以获得更高级的功能支持，如直接使用 STEP 7 符号表，实现块消息、路由下载等。

（17）可追溯性和易于验证。根据 21 CFR（美国联邦法规）Part 11，对于制药工业中的应用，WinCC flexible/Audit 选件符合 GMP（良好操作规范）和 FDA（食品药品管理局）提出的基本要求。

（18）创建新版本与更改跟踪。使用 WinCC flexible/Change Control 选件可以记录组态中的任何更改并分配版本号，这样就能够满足有关更改控制的 GMP 要求。

2. WinCC flexible 的组件

（1）WinCC flexible 工程系统。WinCC flexible 工程系统是用于处理所有基本组态任务的软件，WinCC flexible 版本决定了在西门子系列人机界面中可以组态哪些人机界面。WinCC flexible 采用模块化设计，随着版本的逐步升级，所支持的设备范围以及 WinCC flexible 的功能都得到了扩展，可以通过 Powerpack 程序包将项目移植到更高级版本中。

WinCC flexible 包括了从 Micro Panel 到简单的 PC 可视化的一系列产品，因此，WinCC flexible 的功能可以与 ProTool 系列产品和 TPDesigner 相媲美，可以将现有的 ProTool 项目集成到 WinCC flexible 中。

在 WinCC flexible 中创建新项目或打开现有项目时，WinCC flexible 环境将在编程计算机的屏幕上打开。在"项目视图"中显示项目结构，并可对项目进行管理。

WinCC flexible 为每一项组态任务提供专门的编辑器，例如，在"画面"编辑器中组态人机界面的 GUI。或者使用"离散量报警"编辑器组态报警，所有与项目相关的组态数据都存储在项目数据库中。

当前的 WinCC flexible 版本确定了可以组态的人机界面，如果要组态当前的 WinCC flexible 版本不支持的人机界面，则可移植到另一 WinCC flexible 版本，现有的全部功能将仍然可用。从 WinCC flexible Compact 版本开始，可以使用 Powerpack 程序包升级 WinCC flexible 版本。

（2）WinCC flexible 运行系统。WinCC flexible 运行系统是用于过程可视化的软件，运行时，操作员可以监控过程。具体说，涉及的任务如下。

1）与自动化系统之间的通信。

2）图像在屏幕上的可视化。

3）过程操作，例如，通过设置设定值或打开和关闭阀门。

4）当前运行数据的归档，例如，过程值和报警事件。

WinCC flexible 运行系统支持一定数量的授权变量（Power tags），该数量由许可证确定，可以使用 Powerpack 增加授权变量的数量如下。

1）WinCC flexible 运行系统 128：支持 128 个过程变量。

2）WinCC flexible 运行系统 512：支持 512 个过程变量。

3）WinCC flexible 运行系统 2048：支持 2048 个过程变量。

（3）WinCC flexible 选件。WinCC flexible 选件可以扩展 WinCC flexible 的标准功能，每个选件需要一个单独的许可证。选件可用于的组件如下。

1）WinCC flexible 工程系统。

2）基于 PC 的 HMI 设备上的 WinCC flexible 运行系统。

3）不基于 PC 的 HMI 设备上的 WinCC flexible 运行系统。

WinCC flexible 工程系统的可用选项见表 2-1。

表 2-1　　　　　　　　　WinCC flexible 工程系统的可用选项

SIMATICWinCC flexible 选件	功能	可用性
WinCC flexible/Change Control	版本管理和修改跟踪	WinCC flexible 压缩版/标准版/高级版

可用于基于 PC 或不基于 PC 的人机界面上的 WinCC flexible 运行系统的选件见表 2-2。

表 2-2　　可用于基于 PC 或不基于 PC 的 HMI 设备上的 WinCC flexible 运行系统的选件

SIMATIC WinCC flexible RT 选件	功能	不基于 PC 的人机界面	SIMATIC Panel PC
WinCC flexible/Archives	运行系统的归档功能	从 Panel 270	x
WinCC flexible/Recipes	运行系统的配方功能	与设备相关的可用；不需要许可证	x
WinCC flexible/Sm@rtAccess	远程控制和远程监视，以及不同西门子人机界面系统之间的通信	自 Panel 270	x
WinCC flexible/Sm@rtService	通过 Internet/Intranet 实现机器/设备的远程维护和服务	自 Panel 270	x
WinCC flexible/OPC Server	使用人机界面作为 OPC 服务器	多功能人机界面	x
WinCC flexible/ProAgent	在运行时的过程诊断	自 Panel 270	x
WinCC flexible/Audit	根据 FDA 报告交互作用	自 Panel 270	x

3. 自动化概念

(1) WinCC flexible 的自动化概念。WinCC flexible 支持多个不同自动化概念的组态，在缺省状态下可使用 WinCC flexible 实现以下自动化概念。

1) 单台 HMI 设备的控制。HMI 设备通过过程总线直接与 PLC 连接，称为单用户系统，如图 2-1 所示。单用户系统通常用于生产单元过程操作和监视，也可以配置为操作和监视独立的部分过程或系统区域。

2) 带多台 HMI 设备的 PLC。多台 HMI 设备通过过程总线（如 PROFIBUS 或以太网）连接至一个或多个 PLC，称为多用户系统，如图 2-2 所示。例如，在生产线中配置此类系统以从多个点操作设备。

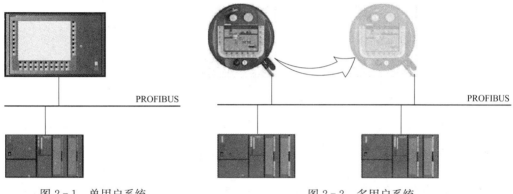

图 2-1 单用户系统   图 2-2 多用户系统

3) 具有集中功能的 HMI 系统。HMI 系统通过以太网连接至 PC，上位 PC 机承担中心控制管理功能，如图 2-3 所示。例如，配方管理，必要的配方数据记录由次级 HMI 系统提供。

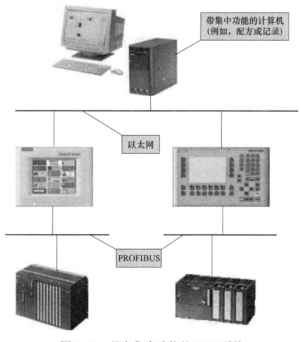

图 2-3 具有集中功能的 HMI 系统

4）支持移动单元。移动单元主要应用于大型生产设备、长生产线或传输装置，也可用于需要对过程进行直接显示的系统，如图 2-4 所示。要操作的机械设备配备了多个接口，例如，可以连接 Mobile Panel 170。操作员或维修人员可以直接在现场进行工作，这便于进行精确的装配和定位，例如，在启动阶段进行维修时，移动单元可以保证较短的停机时间。

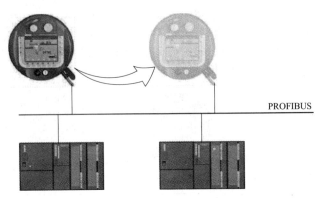

图 2-4　支持移动单元的 HMI 系统

（2）远程访问 HMI 设备。使用 Sm@rt Service 选件，可以通过网络（Internet、LAN）从工作站连接至 HMI 设备，如图 2-5 所示。例如，一家生产公司与外面的某一维修公司签订了维修合同，当需要维修时，负责维修的技术人员可以远程访问 HMI 设备，并直接在其工作站上显示 HMI 设备的用户界面。通过这种方式，可以更快地传送更新的项目，从而减少机器的停机时间。通过网络进行的远程访问可用于以下环境。

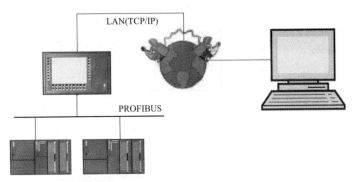

图 2-5　通过网络从工作站连接至 HMI 设备

1）远程操作和监控。可以通过自己的工作站操作 HMI 设备并对其运行过程进行监控。

2）远程管理。可以将项目从工作站传送到 HMI 设备，通过这种方式，可以从控制中心更新项目。

3）远程诊断。每个人机界面都提供了使用 Web 浏览器可以访问的 HTML 页面，其中包含了有关所安装软件、版本或系统报警的信息。

（3）自动报警发送。机器因故障而停止运行将会引起损失，将报警信息及时传送到维修人员有助于将意外的停工时间降至最小。例如，供给管道中的污染物降低了冷却液的流速，当值低于所组态的限制值时，HMI 设备显示一则警告。此警告还将以电子邮件的方式发送给负责维修的技术人员（需要"Sm@rt Access"选件来实现）。

为了能够以电子邮件发送报警，HMI 系统必须可以访问电子邮件服务器。电子邮件客户机通过 Intranet 或 Internet 发送报警，自动报警发送可以确保适时地将机器状态通知给所有有关人员（例如，值班工长和销售经理）。

（4）分布式 HMI。在分布式 HMI 系统中只有一台 HMI 设备包含组态数据并用作服务器，可以从其他操作设备上控制这台服务器对设备的操作，所有的操作站将显示相同的过程画面，操作授权被智能化传送（需要"Sm@rt Access"选件来实现），如图 2 - 6 所示。

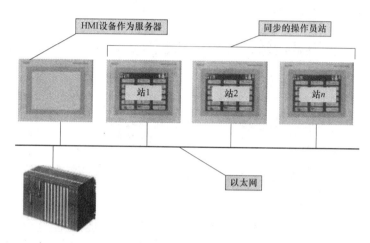

图 2-6 分布式 HMI

4. 组态原则

（1）组态支持。WinCC flexible 支持以下组态。

1）依赖于目标系统的组态。在组态期间，只显示所选目标系统支持的功能。

2）独立于所用的 PLC 工程。如果要在多个或不同的目标系统中使用一个项目，只需在项目中切换 HMI 设备。对于所选 HMI 设备不支持的功能，将不显示。

3）所引用对象的集中修改。在中心工作站所作的修改应用于整个项目。

4）使用。重新使用组态对象可简化组态并降低总成本。

5）批量数据处理。例如，创建一个动作，使其包含多个具有相同值或按时间升序排列地址的变量。

6）画面浏览的图形组态。由已组态画面的图形总览创建一个画面体系，自动创建画面浏览所需对象。

7）组态运动路径。组态对象在过程画面中的运动。

8）全集成自动化。WinCC flexible 可在 SIMATIC STEP 7 和 SIMOTION SCOUT 组态用户界面中无缝集成。

9）编程用户界面的用户自定义。WinCC flexible Workbench 可以通过移动或隐藏窗口和工具栏来进行自定义。

（2）可伸缩的组态工具。如果 WinCC flexible 用于编辑不同 HMI 设备的项目，则在组态期间，功能范围根据 HMI 设备自动调整。根据不同的 HMI 设备可以有不同的功能。

1）自定义 HMI 设备功能。自定义 HMI 设备功能确保了有效的组态，只需组态那些由特定 HMI 设备支持的功能。项目视图中有编辑器可以使用，例如，快速检测所选 HMI 设备支持的功能，如图 2-7 所示。

图 2-7　项目视图中有编辑器

可以将一个项目用于不同的目标系统，如果目标系统改变，则只修改项目数据的视图。当目标系统改变时，不会删除所组态的对象，只是在目标系统不支持某些特性时隐藏它们。

2）组态用户界面的自定义设置。WinCC flexible 允许用户自定义窗口和工具栏的位置和反应，这样就可以根据自己的特殊需求组态工作环境。

3）WinCC flexible 环境的组态与登录到 Microsoft Windows 的用户相链接。在保存项目时，窗口和工具栏的位置和特性自动随之保存。再次打开时，窗口和工具栏的位置和特性与上次保存项目时相同。工作环境打开与上次关闭时的组态相同，当打开由其他项目设计者编辑的项目时也是如此。

（3）与 PLC 无关的组态。WinCC flexible 支持用户创建独立于目标系统的组态，如一台机器具有三个操作站，其中仅某一个操作站上需连接一台 HMI 设备。不必为此 HMI 设备重新创建项目，只需在项目中切换 HMI 设备即可。HMI 设备不支持的功能将隐藏，但不同的 HMI 设备在分辨率和功能方面不应相差太大。

（4）使用组态对象。重新使用组态对象能使组态工作变得容易，在改变对象时，集中编辑能节省大量的组态工作。简单的画面对象可以组合为人机界面以形成复杂对象。对于每个人机界面，可以定义能更改画面对象的某些属性。所有的组态对象均可集中存储在库中，通过重新使用存储在库中的人机界面，可以从中心对整个项目进行修改。此外，还提供了大量的预组态画面对象，可用于适当地设计过程画面。文本库可采用多种语言存储所有组态文本，如果项目以多种语言组态，则文本可自动进行翻译。

(5) 智能工具。

1) 批量数据处理。批量数据管理提供了对同时创建和编辑多个对象的功能支持，这样可以提高组态效率、节约时间和成本。例如，变量列表的一部分来自旧项目，但变量库中有错误的变量类型。使用 WinCC flexible 可以通过一步操作修改所有变量的变量类型，创建或编辑特定对象（如变量）时，可以利用批量数据处理的优点：①自动地址分配，如果使用过程链接创建的多个变量被连续地存储在控制器的存储器中，则每个变量的地址区域可自动增加；②多重修改，对多个变量进行的相同修改可以在一步中执行，例如，改变变量类型或控制器。

2) 组态运动路径。涉及对象运动的工序可以清楚地显示在 HMI 设备上，例如，产品在传送带上的传输。运动路径简化了对象在过程画面中运动的组态，运动过程通过图表显示在画面中。

对象的运动路径在过程画面中定义，运动路径包含起始点和结束点。为运动路径分配一个变量，变量值定义了运行时对象在运动路径上的相对位置，如图 2-8 所示。

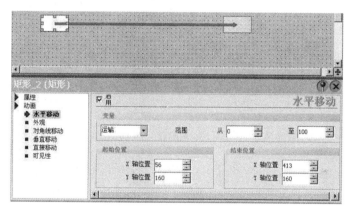

图 2-8　对象的运动路径

3) 画面浏览的图形组态。使用画面浏览，可为项目定义一个固定的浏览结构。操作员可以使用运行系统的浏览控制在结构中的不同画面之间浏览，如图 2-9 所示。

使用画面浏览编辑器通过拖放操作将画面放在画面体系中的所需位置，也可以为不是集成到同一体系中的画面创建直接的链接，浏览按钮可以粘贴在过程画面中。浏览结构的创建提供了以下优点：①对整个项目的浏览结构的总览；②过程画面之间直接链接的快速创建；③基本画面浏览的自动创建。

(6) 全集成自动化。全集成自动化解决方案不仅涉及 HMI 系统（如 WinCC flexible），还涉及附加的组件，例如，PLC、过程总线和外围设备。WinCC flexible 提供了与SIMATIC 产品系列和 SIMOTION 产品系列非常成熟的集成功能，即组态和编程的一致性、数据保持的一致性、通信的一致性。

1) 与 SIMATIC STEP 7 的集成。过程标签提供了 PLC 和 HMI 系统之间的通信链接，如果没有全集成自动化的优点，每个变量必须定义两次：一次用于 PLC，一次用于 HMI 系统。SIMATIC STEP 7 与组态用户界面的集成将降低出错率，并减少组态工作量。在组态期间，可以对 STEP 7 符号表和通信设置进行直接访问。STEP 7 符号表包含在创建控制程

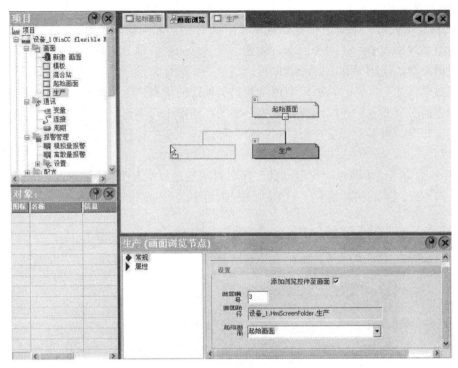

图 2-9　画面浏览的图形组态

序时指定的数据库中（如地址和数据类型），通信设置包含总线地址和 PLC 协议，可在 Net-Pro 中进行通信设置。

2) 与 SIMOTION SCOUT 的集成。在 WinCC flexible 中与 SIMOTION SCOUT 的集成不但具有与 SIMATIC STEP 7 集成的优势，而且也具有与 SIMOTION SCOUT 用户界面全集成的优势。

2.2　WinCC flexible 工程系统

2.2.1　WinCC flexible 用户界面

WinCC flexible 是一种前瞻性的面向机器的自动化概念的 HMI 软件，它具有舒适而高效的设计。可以访问所选 HMI 设备所支持的全部功能。要启动 WinCC flexible，可以在编程设备上单击桌面图标 ，也可以从 Windows "开始" 菜单中进行选择。

WinCC flexible 在同一时间只允许打开一个项目，可以根据需要打开 WinCC flexible 多次，以同时操作多个项目，WinCC flexible 还允许在同一项目中组态多个 HMI 设备。

WinCC flexible 工作环境包含多个元素，其中有些元素与特定的编辑器相链接，也就是说，它们只有在对应的编辑器激活时才可见。对话框的布局取决于控制人机界面中的显示设置，文字根据设置将组态 PC 的操作系统设置为 "标准尺寸（96dpi）"，可在控制人机界面中的 "显示" -> "设置" -> "高级" -> "常规" -> "DPI 设置" 下进行这几项设置。WinCC flexible 包含下列元素。

1. 菜单和工具栏

可以通过 WinCC flexible 的菜单和工具栏访问它所提供的全部功能，当鼠标指针移动到一个功能上时，将出现工具提示，菜单和工具栏如图 2-10 所示。使用菜单和工具栏可以访问组态 HMI 设备所需要的全部功能，激活相应的编辑器时，显示此编辑器专用的菜单命令和工具栏。

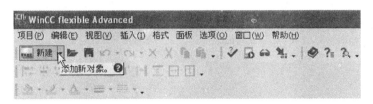

图 2-10　菜单和工具栏

在标准情况下，在创建新项目时菜单和工具栏位于画面的顶部边缘。菜单和工具栏的位置由登录 Windows 的用户确定，要是用鼠标移动了工具栏，当 WinCC flexible 重新启动后，它们将回复到上次"退出"时的位置。

（1）菜单。WinCC flexible 中可用的菜单见表 2-3，菜单的可用度和其命令的范围取决于所使用的编辑器。

表 2-3　　　　　　　　　　　　　WinCC flexible 中可用的菜单

菜单	简　介
"项目"	包含用于项目管理的命令
"编辑"	包含用于剪贴板和搜索功能的命令
"视图"	包含用于打开/关闭元素和用于缩放/层设置的命令。要重新打开已关闭的元素，选择"查看"菜单
"粘贴"	包含用于粘贴新对象的命令
"格式"	包含对画面对象进行组织和设置格式的命令
"人机界面"	包含用于创建和编辑人机界面的命令
"工具"	包含用于诸如在 WinCC flexible 中更改用户界面语言和组态基本设置的命令
"脚本"	包含同步和脚本语法检查的命令
"窗口"	包含管理工作区域上多个窗口的命令，例如，用于切换至其他窗口的命令
"帮助"	包含用于调用帮助功能的命令

（2）工具栏。使用工具栏可以快速访问常用的重要功能，可以采用以下工具栏组态选项。

1）添加和删除按钮。

2）改变位置。

2. 工作区

在工作区域中编辑项目对象，所有 WinCC flexible 元素都排列在工作区域的边框上。除了工作区域之外，可以组织、组态（例如，移动或隐藏）任一元素来满足个人需要，可以在

"视图"菜单中显示或隐藏所有窗口。工作区域用于编辑表格格式的项目数据（如变量）或图形格式的项目数据（如过程画面），如图2-11所示。

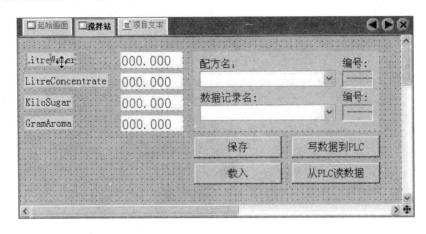

图2-11　工作区域

　　每个编辑器在工作区域中以单独的标签控件形式打开，对于图形编辑器，每个元素都以单独标签控件形式显示。在同时打开多个编辑器时，只有一个标签页处于激活状态。要移动到其他编辑器，单击对应的标签页即可。可以同时打开多达20个编辑器。

　　3. 项目视图

　　项目中所有可用的组成部分和编辑器在项目视图中以树型结构显示，如图2-12所示。每个编辑器均分配有一个符号，可以使用该符号来标识相应的对象。作为每个编辑器的子元素，可以使用文件夹以结构化的方式保存对象。此外，屏幕、配方、脚本、协议和用户词典都可直接访问组态目标。

　　项目视图是项目编辑的中心控制点，只有受到所选HMI设备支持的那些单元才在项目窗口中显示。在项目窗口中，可以访问HMI设备的设置、语言设置和版本管理。

　　项目视图用于创建和打开要编辑的对象，可以在文件夹中组织项目对象以创建结构，项目视图的使用方式与Windows资源管理器相似。快捷菜单中包含可用于所有对象的重要命令，图形编辑器的元素显示在项目视图和对象视图中，"表格式编辑器"的元素仅显示在对象视图中。

　　4. 属性视图

　　属性视图用于编辑从工作区域中选取对象的属性，属性视图的内容基于所选择的对象。例如，画面对象的颜色，属性视图仅在特定编辑器中可用。"属性视图"显示选定对象的属性，这些属性按类别组织，改变后的值在退

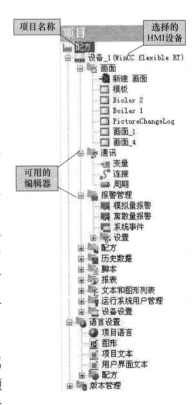

图2-12　项目视图

出输入域后直接生效。无效的输入以彩色背景高亮显示,同时将显示工具提示以修正输入。例如,对象的"高度"属性在逻辑上与"字节"变量链接。变量类型值的范围是 0~255。如果在"属性视图"的"高度"输入框中输入值"300",则当退出该框时,该值以彩色背景高亮显示。

5. 工具箱/库

工具箱包含有选择对象的选项,可将这些对象添加给画面,例如,图形对象或操作员控制元素。此外,工具箱也提供了许多库,这些库包含有许多对象模板和各种不同的人机界面。

"库"是工具箱视图的元素,使用"库"可以访问画面对象模板。可以通过多次使用或重复使用对象模板来添加画面对象,从而提高编程效率。库是用于存储诸如画面对象和变量等常用对象的中央数据库,只需对库中存储的对象组态一次,然后便可以任意多次进行重复使用。库分为全局库和项目库。

(1)全局库。全局库并不存放在项目数据库中,它写在一个文件中,该文件默认存放于 WinCC flexible 的安装目录下,全局库可用于所有项目。

(2)项目库。项目库随项目数据存储在数据库中,它仅可用于创建该项目库的项目。

可以在这两种库中创建文件夹,以便为它们所包含的对象建立一个结构。此外,可以将项目库中的元素复制到全局库中。

在单独的窗口中打开库可以将库从"工具箱视图"切换到单独的窗口中,为此,从"库"视图的快捷菜单中选择"工具箱中的库"命令,再次选择此命令将库恢复到"工具箱视图"。

6. 输出视图

输出窗口显示在项目测试运行中所生成的系统报警,通常按其出现的顺序显示系统报警,类别指出了生成系统报警的相应 WinCC flexible 模块。例如,在一致性检查期间生成"发生器"类别的系统报警,如图 2-13 所示。

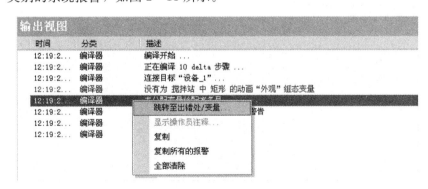

图 2-13 输出视图

要对系统报警排序,可单击对应列的标题。弹出式菜单可用于跳转到某个出错位置或某个变量,并复制或删除系统报警。输出视图显示上次操作的所有系统报警,新操作将重写所有先前的系统报警,但是仍然可以从单独的记录文件中检索原先的系统报警。

7. 对象视图

"对象视图"显示"项目视图"中选定区域的所有元素,如果在项目视图中选择了文件夹或编辑器,它们的内容将显示在对象视图中。如图 2-14 所示,解释了在项目视图中所作的选择是如何影响对象视图显示的。

图2-14 在项目视图中所作的选择对对象视图显示的影响

在"对象"视图中双击一个对象以打开对应的编辑器,对象窗口中显示的所有对象都可用拖放功能,例如,支持以下拖放操作。

(1)将变量移动到工作区域中的过程画面中,创建与变量链接的I/O域。

(2)将变量移动到现有的I/O域,创建变量与I/O域之间的逻辑链接。

(3)将一个过程画面移动到工作区中的另一个过程画面,生成一个带有画面切换功能的按钮,该按钮与过程画面链接。

在"对象视图"中,长对象名以缩写形式显示。如果将鼠标指针移动到对象上,将显示其完整的名称作为工具提示。当有大量对象时,可用键入项目首字母实现项目快速定位。

2.2.2 使用窗口、工具栏和鼠标及键盘

1. 使用窗口和工具栏

WinCC flexible允许自定义窗口和工具栏的布局,可以隐藏某些不常用的窗口以扩大工作区域。"视图"菜单可用于恢复窗口和工具栏的缺省布局。

(1)可用的操作元素。见表2-4,列出了窗口和工具栏的操作元素及其用途。

(2)停放窗口或工具栏。"停放"是指将窗口整合到WinCC flexible平台中,可以自动隐藏停放的窗口以增加工作空间。将自由移动的窗口分别停放在窗口的下列位置:上边缘;右边缘;下边缘;左边缘,可以将工具栏停放在任何现有的工具栏上,如图2-15所示。

表 2-4　　　　　　　　　　　　　窗口和工具栏的操作元素及其用途

操作员控制元素	目的	使用位置
✖	关闭窗口或工具栏	窗口和工具栏（可移动）
项目　　　　●✖	通过拖放来移动和停放窗口和工具栏	窗口和工具栏（可移动）
⋮	通过拖放来移动工具栏	工具栏（已停放）
▾	添加或删除工具栏图标	工具栏（已停放）
●	激活窗口的自动隐藏模式	窗口（已停放）
⊖	禁用窗口的自动隐藏模式	窗口（已停放）

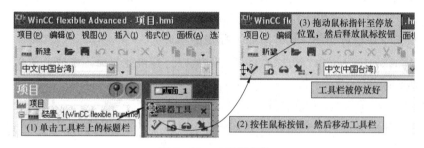

图 2-15　工具栏停放

（3）组合窗口。可以将一个窗口与其他窗口组合在一起，每个窗口在组合窗口中由单独的标签页表示，要切换到不同的窗口，只需单击对应的标签页。

（4）自动隐藏窗口。可以自动隐藏不常用的窗口，这可增大工作区域。要将窗口恢复到屏幕上，只需单击其标题栏，如图 2-16 所示。

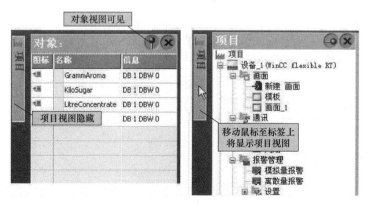

图 2-16　自动隐藏窗口

2. 使用鼠标

在 WinCC flexible 中的各项操作主要通过鼠标完成，鼠标功能见表 2-5。鼠标重要的操作功能包括拖放功能以及从快捷菜单中调用命令。

表 2-5　　　　　　　　　　　　　　　　　鼠标功能

功　能	作　用
左击	激活任意对象，或者执行菜单命令或拖放等操作
右击	打开快捷菜单
双击（鼠标左键）	在项目视图或对象视图中启动编辑器，或者打开文件夹
<鼠标左键＋拖放>	在项目视图中生成对象的副本
<CTRL＋鼠标左键>	在"对象视图"中逐个选择若干单个对象
<SHIFT＋鼠标左键>	在"对象视图"中选择使用鼠标绘制的矩形框内（包括矩形框）的所有对象

（1）拖放功能使得组态工作更为容易。例如，将变量从对象视图拖放到过程画面时，系统会自动生成一个与该变量在逻辑上相互链接的 I/O 域。要组态画面切换，将所需的过程画面拖放到在工作区域中显示的过程画面上。这将生成一个组态为包含相应画面切换功能的按钮。"项目视图"和"对象视图"中的所有对象都能使用拖放功能。鼠标指针的显示将表明目标位置是否支持拖放功能：可拖放；不能拖放。

（2）在 WinCC flexible 中，可以右击任意对象以打开快捷菜单，快捷菜单包含了可以在相关状况下执行的命令。

3. 键盘控制

WinCC flexible 提供了许多热键以用于执行常用的菜单命令，菜单显示了是否有相关命令的热键。在 WinCC flexible 中使用的重要热键见表 2-6。

表 2-6　　　　　　　　　　　　　　　　　重要热键

热　键	作　用
<CTRL＋TAB>/<CTRL＋SHIFT＋TAB>	激活工作区域中的下一个/上一个标签页
<CTRL＋F4>	关闭工作区域中激活的视图
<CTRL＋C>	将选定的对象复制到剪贴板
<CTRL＋X>	剪切对象并将其复制到剪贴板
<CTRL＋V>	插入存储在剪贴板中的对象
<CTRL＋F>	打开"查找和替换"对话框
<CTRL＋A>	选择激活区域中的所有对象
<ESC>	取消操作

2.2.3 WinCC flexible 应用

WinCC flexible 提供了一系列可升级的工程系统，这些系统均已根据各自的组态任务进行了最佳的调整或可以由用户进行调整。各个版本均支持范围更广的 HMI 设备和函数，由此可使用"标准"版本来组态"Micro"版本的 HMI 设备，也可以通过 Powerpack 程序包将项目移植到更高版本中。WinCC flexible 用于组态用户界面以操作和监视机器与设备，专用编辑器可用于不同的组态任务，所有组态信息均保存在项目中。

启动 WinCC flexible 之后，向导将指导用户执行创建新项目所有必需的步骤。例如，将提示用户输入项目名称和选择 HMI 设备。如果 WinCC flexibleis 已经打开，选择"新建"命令来创建新的项目。在一些情况下，会出现向导引导用户完成整个过程。要装载现有的项目，从"项目"菜单中选择"打开"命令。如果现有的 ProTool 或 WinCC 项目在 WinCC flexible 中打开，则数据将进行转换。用户在指导下完成转换过程，并被告知转换进度。

1. 通过 WinCC flexible 编辑多个项目

WinCC flexible 在任何时间均只允许打开一个项目，例如，如果要全局复制项目，重启动 WinCC flexible，然后打开所需要的项目。如果在 PC 上既安装了 ProTool 又安装了 WinCC flexible，则每次只能打开其中一个程序。在每个项目中，可同时设置多个 HMI 设备。每个打开的 WinCC flexible 均在 Windows 任务栏中显示，如图 2-17 所示。

图 2-17 Windows 任务栏

2. 项目的功能范围

如果使用 WinCC flexible 为不同 HMI 设备编辑项目，用于组态的功能范围不完全相同。根据不同的 HMI 设备可以有不同的功能，可用的功能范围取决于所选择的 HMI 设备，只组态所选 HMI 设备支持的功能，这个过程将有利于进行有效组态。项目视图中显示的编辑器可用于诸如快速检测所选 HMI 设备支持的功能，基于项目视图的两种不同 HMI 设备的功能范围如图 2-18 所示。

图 2-18 基于项目视图的两种不同 HMI 设备的功能范围

3. 编辑器属性

WinCC flexible 为每一项组态任务提供专门的编辑器，WinCC flexible 可区别两种不同类型的编辑器：图形编辑器和表格式编辑器，WinCC flexible 最多可以同时打开 20 个编辑器。

（1）图形编辑器。图形编辑器（如画面编辑器）显示项目视图和对象视图中包含的元素，使用图形编辑器在工作区中打开每个对象。

（2）表格式编辑器。表格式编辑器（如变量编辑器）仅显示对象视图中的相关对象，打开表格式编辑器编辑对象时，所有相关的对象都显示在工作区域的一个表格中。

下列属性适用于所有编辑器及其对象：

（1）改变内容。改变将在退出输入域之后直接生效，并对项目产生全局性影响。受修改影响的所有对象都被自动更新。例如，如果在画面编辑器中改变了变量参数，这种改变将直接影响变量编辑器中的对象。

（2）接受对项目数据的修改。一旦保存项目，修改后的项目数据将传送到项目数据库。

（3）回复（撤消）或恢复工作步骤。每个编辑器均具有一个内部列表，用于保存用户动作。采用这种方式，可以回复（撤消）或恢复所有操作。相关的命令都位于"编辑"菜单中。当关闭编辑器或保存项目时，列表被删除。切换到另一个编辑器不会影响存储在列表中的操作。

4. 打开编辑器

编辑器的启动方式取决于它是图形编辑器（如画面编辑器）还是表格式编辑器（如变量编辑器）。

（1）打开图形编辑器。通过创建新对象或打开现有对象指定图形编辑器。要创建新对象，可进行如下操作：①在将要添加新对象的项目视图中，在图形编辑器上单击鼠标右键；②例如，在快捷菜单中选择"添加画面"，如图 2 - 19 所示，对象（如画面）在项目视图中创建，并显示在工作区域中；③要打开现有的对象，双击项目视图或对象视图中的对象，对象（如画面）将显示在工作区域中。

图 2 - 19　在快捷菜单中选择"添加画面"

（2）打开表格式编辑器。双击项目视图中的表格式编辑器，可打开表格式编辑器。编辑器显示在工作区域中，如图2-20所示。

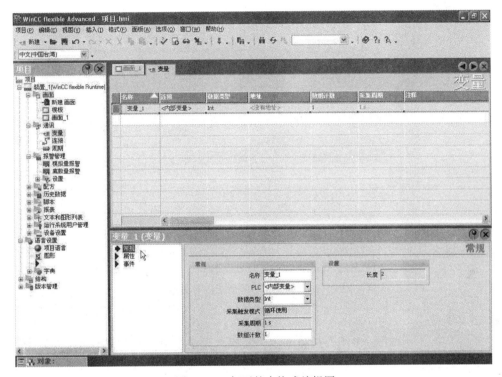

图2-20　打开的表格式编辑图

也可使用关联的快捷菜单激活表格式编辑器，要在表格式编辑器中打开现有的元素，可在项目视图中选择表格式编辑器，然后，在对象视图中双击所需要的对象。

5. 在编辑器之间切换

尽管可在WinCC flexible中同时打开多个编辑器或其对象，但只有一个编辑器的工作区能被激活。如果打开多个编辑器，工作区中将用独立的标签控件分别代表这些编辑器。

要选择一个不同的编辑器，在工作区单击相应标签页即可，如图2-21所示。在表格式编辑器中，为了便于识别，标签页上会显示编辑器的名称。对于图形编辑器，指示当前元素的名称，如"Screen1"。

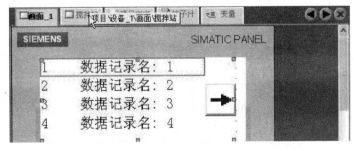

图2-21　单击相应标签页界面

如果工作区太小无法显示全部标签页，浏览箭头将在工作区中激活。要访问没在工作区中显示的标签页，只要单击相应的浏览器箭头即可，如图 2-22 所示。要关闭编辑器，单击工作区中的▨符号。

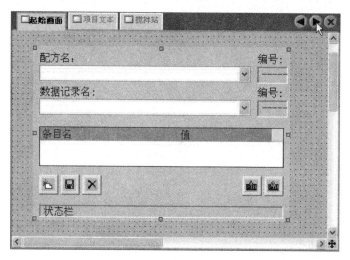

图 2-22　单击相应的浏览器箭头界面

6. 对象列表

对于在 WinCC flexible 中组态任务来说，对象列表很有用。可以使用对象列表查找所需对象类型中的现有对象，并直接将其组态到所用之处，也可以使用对象列表在使用位置处创建新对象。

（1）打开对象列表。对象通常在属性视图中进行编辑，但是当使用表格式编辑器时也可以直接在工作区中的表格中直接编辑。如果 WinCC flexible 需要链接到一个对象，那么单击对象选择列表后，对象列表便打开。例如，当希望组态图形对象的变量时，单击该变量的选择域即可，如图 2-23 所示。在选择域中，打开对象列表，向用户提供项目中合适数据类型的所有可用变量以供选择。选择所需要的变量，按下▨按钮以确认选择。

（2）使用对象列表。当在项目中没有合适的对象时，可以使用对象列表创建一个新的对象。要创建新的对象，可以单击对象列表中的"新建"按钮。新的对象便创建了，并且打开相应的对话框，用于组态该对象。组态新创建的对象，然后关闭组态对话框。

也可以打开并组态来自对象列表的现有对象，从对象列表中选择对象。用于编辑的▨图标显示在右边的列中。单击该图标。打开用于编辑该对象的相应对话框，编辑对象的属性，然后关闭组态对话框。

图 2-23　单击该变量的选择域

7. 函数列表

函数列表是系统函数或脚本的附件，将在调用系统列表时依次执行这些函数。可以使用函数列表来触发系统函数因某个事件而执行，为对象（如画面对象或变量）的事件组态函数列表。可用的事件取决于所选择的对象。事件仅在项目处于运行时产生，事件如下。

（1）变量的数值改变。

（2）修改数组的值＝修改数组元素的值。

（3）按钮按下。

（4）报警发生。

可以将函数列表精确地组态到每个事件上，可以在函数列表中组态多达16个函数。运行时当组态的事件发生时，函数列表从上至下执行一遍。为了避免等待，需要较长的运行时间的系统函数（如文件操作）可同时处理。即使前一个系统函数还未完成，后一个系统函数也可以先被执行。

在 WinCC flexible 中，需要为对象组态函数列表的话，打开包含该对象的编辑器。使用鼠标选择对象。在属性视图中，单击需要在其中组态函数列表的"事件"组中的事件。在属性视图中打开函数列表，如图 2-24 所示。

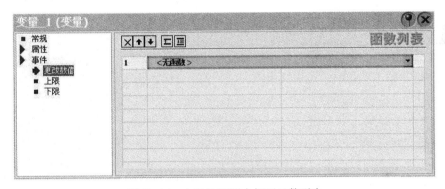

图 2-24　在属性视图中打开函数列表

如果没有为对象组态任何函数时，在函数列表的第一行将显示"无函数"。单击"无函数"域，显示选择按钮，使用选择按钮打开可用系统函数的列表。系统函数根据类别排列在选择列表中，选择所需的系统函数，如图 2-25 所示。

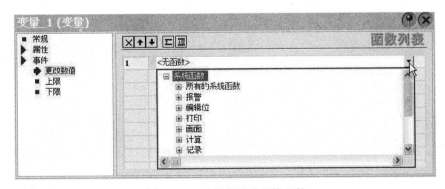

图 2-25　选择所需的系统函数

如果该系统函数需要参数，那么在选择了系统函数后，"无数值"条目将显示在下一行。单击"无数值"域，显示选择按钮，使用选择按钮打开对象列表并选择所需的参数，如

图 2-26 所示。

图 2-26　使用选择按钮打开对象列表并选择所需的参数

在函数列表中可组态函数，也可根据需要组态其他函数。单击按钮█和█改变所组态函数/脚本的顺序，选择一个函数，通过单击箭头按钮将它向上或向下移动。要删除一个函数，选中该函数并按下<Del>键。

8. 文本列表

在文本列表中，将变量的值分配给各种文本。文本列表在"文本列表"编辑器中创建，在所使用对象（如在符号 I/O 域）上组态文本列表与变量的连接。对于文本列表，存在以下应用区域。

（1）组态带有符号 I/O 域的选择列表。

（2）组态与状态相关的按钮标签。

（3）组态离散量报警或模拟量报警值的文本输出。

（4）组态用于配方数据值的文本输出。

文本列表中的文本可以用多语言组态，在运行时，文本用设置的运行系统语言显示。通过双击项目视图中的"文本列表"条目打开"文本列表"编辑器。通过双击编辑器中的第一个空行将创建一个新的文本列表，如图 2-27 所示。

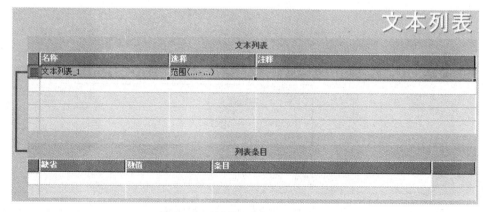

图 2-27　创建一个新的文本列表

单击"选择"列，打开一个下拉列表框，如图 2-28 所示。为所需文本列表选择相应的域，可用域包括以下几个方面。

（1）范围（…-…）。使用该设置，整数或变量的数值范围将分配给文本列表的各个文本条目。可以随意选择文本条目的数目，条目的最大数量取决于 HMI 设备。可以设置一个默认值，一旦变量值超出定义范围，则显示该值。

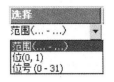

图 2-28　下拉列表框

（2）Bit（0，1）。使用该设置，文本列表的条目被分配给二进制变量的两个状态，可以为二进制变量的状态创建文本条目。

（3）Bitnumber（0-31）。使用该条目，文本列表的条目被分配给变量的每一个位，文本条目数最多为 32。例如，在执行顺控程序时，这种文本列表可用在仅允许设置所用变量的一个位的顺序控制中，最低有效位设置和默认值决定位号（0 至 31）的特性。

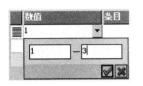

图 2-29　创建文本列表的文本

在工作区的"列表条目"表格中创建文本列表的文本，如图 2-29 所示。双击该表格的第一行，第一个文本条目便创建了。在"数值"列中，既可以为所分配的变量设置一个二进制数值，也设置一个范围值用作位号。

在"条目"列中，输入输出所需的文本。要创建下一个条目，可双击表格中的下一空白行，如图 2-30 所示。

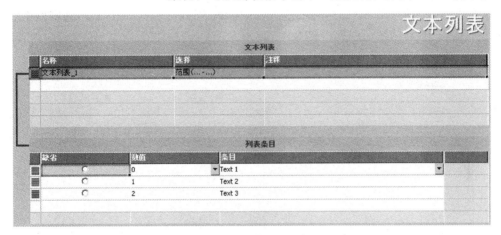

图 2-30　创建下一个条目

"数值"列中的条目由系统唯一指定，要改变该值，单击相应的条目。打开下拉列表框，并输入所需的值和范围值。

（1）位号（0 至 31）的特性。如果禁用了设备设置中的"文本和图像列表的位选择"，并且未设置默认值，则应用以下标准响应：对所有的设置位，如果组态了指定的某个位，则将显示该组态位上保存的值。

（2）缺省值。在这种情况下，为了避免无任何显示，需要设置一个默认值。组态的默认值将以如下的方式显示。

1）取消激活了"文本和图形列表的位选择"，并且变量中同时组态了非指定的位。

2）如果激活了"文本和图形列表的位选择"并且未置位任何位，或者置位了最小值的位，则将不会组态任何文本。

单击"列表条目"表格的"默认"列中的条目以显示默认值。还可以输入"默认"作为"值"，或在属性视图"设置"区域中的"常规"类别内激活"默认"复选框。

（3）最低有效位设置。如果激活了"文本和图形列表的位选择"，则显示组态了其值为最小值的设置位的文本。

如果既未对最低有效位组态文本也未对其组态默认值，则不显示任何文本。要仅显示分配给最小有效位的文本，应在设备设置的"运行系统设置"区域中激活"文本和图形列表的位选择"。由于向下兼容性的原因，通常禁用该设置。该设置将应用于 HMI 设备的所有文本列表中。

9. 图形列表

在图形列表中，将变量的值分配给各种画面或图形。在"图形列表"编辑器中创建图形列表，在已用对象（如在符号 I/O 域）上组态图形列表与变量的连接。图形列表可用于以下应用范围。

（1）组态带有符号 I/O 域的选择列表。

（2）组态与状态相关的按钮标签。

（3）组态离散量报警或模拟量报警值的图形输出。

（4）组态用于配方数据记录值的图形输出。

图形列表中的图形可以用多语言组态，在运行时，图形按设置的运行系统语言显示。通过双击项目视图中的"图形列表"条目打开"图形列表"编辑器，通过双击编辑器中的第一个空行来创建一个新的图形列表，如图 2 - 31 所示。

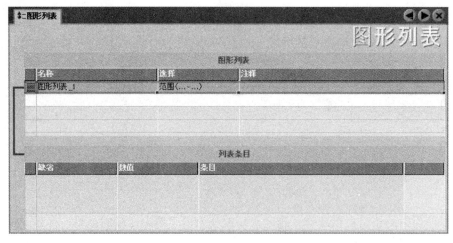

图 2 - 31　创建一个新的图形列表

单击"选择"列，打开一个下拉列表框，如图 2 - 32 所示。为所需图形列表选择相应的域。可用域如下。

（1）范围（…—…）。使用该设置，将变量的整数值或数值范围从图形列表分配给各个图形条目。可以任意选择图形条目的数目。条目的最大数量取决于 HMI 设备。可以设置一个默认值。一旦变量值超出定义范围，则显示该值。

（2）Bit（0，1）。使用该设置，将图形列表的图形分配给二进制变量的两种状态。可以为每个二进制变量的状态创建文本条目。

（3）Bitnumber（0 - 31）。使用该条目，将某个图形从图形

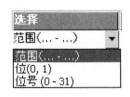

图 2 - 32　下拉列表框

列表分配给变量的每一个位。最多可以有 32 个图形。例如,在执行一个顺序程序时,无论是否允许设置所用变量的位,都可在顺序控制中使用这种图形列表。最低有效位设置和默认值决定位号(0~31)的特性。

在"列表条目"表格中的工作区内创建图形列表的图形,双击该表格的第一行,将创建第一个图形条目,如图 2-33 所示。

在"数值"列中,对于用作位号的指定变量,既可以为其设置一个二进制数值,也可以设置一个范围值。在"条目"列中,输入需要输出的图形,如图 2-34 所示。

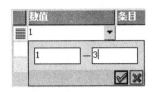

图 2-33 创建第一个图形条目

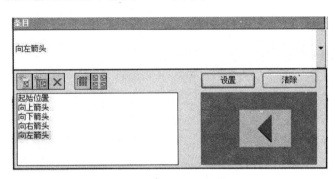

图 2-34 输入需要输出的图形

要创建下一个条目,双击表格中的下一空白行,如图 2-35 所示。只有系统才可以指定"数值"列中的条目。要更改此值,单击相应的条目。打开下拉列表框,并输入所需的值和范围值。图形列表的可用性将取决于所使用的 HMI 设备。

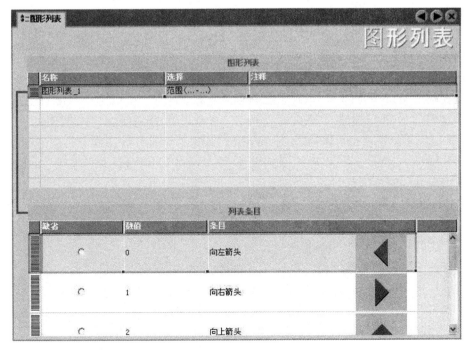

图 2-35 所示创建下一个条目

（1）位号（0～31）的特性。如果禁用设备设置中的"文本和图像列表的位选择"并且未设置默认值，则应用以下标准响应：如果仅组态了所有设置位中的一个位，则将显示该组态位上保存的图像。

（2）默认值。在这种情况下，为了避免无任何显示，需建立一个默认值。图形组态的默认值将以如下的方式显示：①取消激活了"文本和图形列表的位选择"，并且变量中同时组态了非指定的置位；②如果启用了"文本和图形列表的位选择"并且未置位任何位，或者置位了最小值的位，则将不会组态任何图形。

单击"列表条目"表格的"默认"列中的条目以显示默认值。还可以输入"默认"作为"值"，或在属性视图"设置"区域中的"常规"类别内激活"默认"复选框。

（3）最低有效位设置。如果激活了"文本和图形列表的位选择"，则显示组态了其值为最小值的置位。

如果既未对最低有效位组态图像，也未对其组态默认值，则不显示任何图像。如果组态了任何已组态的默认值，则显示为该默认值组态的图像。

要仅显示分配给最小有效位的文本，应在设备设置的"运行系统设置"区域中激活"文本和图形列表的位选择"。由于向下兼容性的原因，通常禁用该设置。该设置应用于 HMI 设备的所有图形列表中。

10. 显示帮助

（1）快捷帮助。如果将鼠标指针放置在任一对象、图标或对话元素上，将会显示出工具提示，如图 2-36（a）所示。

工具提示旁的问号说明该用户界面元素具有快捷帮助，为了调用简短描述的附加说明，单击问号或在工具提示激活时按下<F1>，或者将鼠标指针移动到工具提示上，如图 2-36（b）所示。该说明包含了指导用户参阅在线帮助中详细描述的参考。

（2）在线帮助。在"帮助"命令菜单中，可以访问在线帮助。在使用"帮助-〉目录"菜单命令时，WinCC flexible 信息系统连同一个已打开的目录表一起打开。使用目录表来浏览期望的主题。还可以选择"帮助-〉索引"菜单命令。WinCC flexible 信息系统连同一个已打开的索引一起打开。使用索引来搜索期望的主题。

为了在整个 WinCC flexible 信息系统中使用全文本搜索，可以选择"帮助-〉搜索"菜单命令。这将打开带有搜索标签页的 WinCC flexible 信息系统。输入期望的搜索术语。WinCC flexible 信息系统也可以通过 Windows 的开始菜单打开。在任务栏中选择菜单命令"开始"-〉"SIMATIC"-〉"WinCC flexible"-〉"WinCC flexible 帮助系统"。在线帮助系统将在一个单独的窗口中打开。

11. WinCC flexible 的自定义安装

WinCC flexible 允许用户自定义窗口和工具栏的位置和反应，这样就可以根据自己的特殊需求组态工作环境。

（1）依赖于用户的工作环境。WinCC flexible 的外观取决于登录到 Microsoft Windows 中的用户。在保存项目时，窗口和工具栏的位置和特性自动随之保存。

当再次打开项目时，所载入的项目状态将与保存时的状态完全相同。这样，工作环境将按上一次关闭时所具有的状态打开。当打开由其他项目设计者编辑的项目时也是如此。

（2）复位工作环境。视图和工具栏的位置均可复位至原始状态。为此，在"视图"菜单

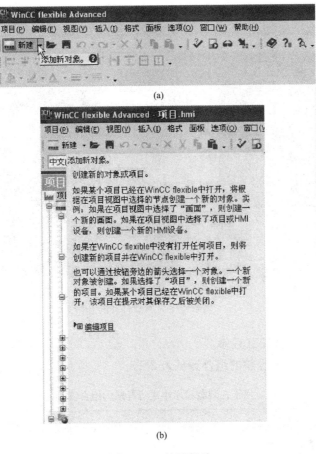

图 2-36 快捷帮助

(a) 工具提示；(b) 调用简短描述的附加说明

中选择"复位布局"。

2.2.4 组态操作系统（MP 377）

1. 装载程序

HMI 设备的装载程序界面如图 2-37 所示，装载程序按钮具有以下功能。

(1) 单击"Transfer"按钮，将 HMI 设备设置为"Transfer"模式。仅当至少启用了一个数据通道用于传送时，才能激活传送模式。

(2) 单击"Start"按钮，启动 HMI 设备上的项目。如果不执行操作，则 HMI 设备上的项目将在延迟一段时间后自动启动。

(3) 单击"Control Panel"按钮，打开 HMI 设备的控制面板。可在控制面板中更改各种设置，例如，传送设置。

(4) 单击"Taskbar"按钮，激活任务栏，并打开 Windows CE 开始菜单。打开的开始菜单如图 2-37 所示，根据所安装的软件，桌面的状态栏中可能还会显示其他符号。

可使用以下方法打开装载程序。

(1) 启动 HMI 设备后，装载程序将短暂出现。

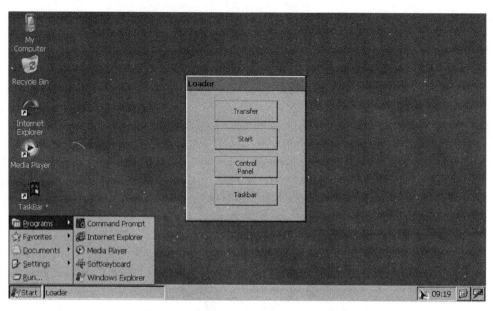

图 2-37 装载程序界面及打开的开始菜单

（2）项目关闭时将出现装载程序。

用于在装载程序中进行导航的组合键见表 2-7。

表 2-7 用于在装载程序中进行导航的组合键

组合键	功　能
▼，▲，TAB	选择下一条目或上一条目
ENTER 或 ⎵	所选按钮已动作

用于在用户界面中进行导航的组合键见表 2-8。

表 2-8 用于在用户界面中进行导航的组合键

组合键	功　能
CTRL + ESC	任务栏被激活，并打开 Windows CE 开始菜单
ALT + ESC	显示下一个激活的程序
ALT + TAB	将打开任务管理器

用于在资源管理器中进行导航的组合键见表 2-9。

表 2-9　　　　　　　　　　　用于在资源管理器中进行导航的组合键

组合键	功　能
TAB	切换活动窗口 在 Windows CE 桌面与窗口之间进行切换
FN + HOME	选择第一个条目
FN + END	选择最后一个条目
CTRL + A↕B/	如果按键 A-Z 左侧的 LED 亮起，可以选择所有内容
ALT	激活菜单栏
←	切换到上一层
ALT + CTRL	打开右键快捷菜单
ALT + ENTER	显示属性

2. 口令保护

口令保护可防止未经授权访问控制面板和任务栏，在激活密码保护时，在装载程序中会显示"passwordprotect"消息。如果没有输入密码，则只能使用"Transfer"和"Start"按钮。

密码保护可防止误操作，增强设备或机器的安全性，因为激活项目的设置只能通过输入密码来更改。如果密码不再可用，则只能通过更新操作系统来取消密码保护。在更新操作系统时，HMI 设备上的所有数据都将被删除。

3. Internet Explorer 和 Media Player

用于 Windows CE 的 Internet Explorer 已安装在 HMI 设备上，用于 Windows CE 的 Internet Explorer 与在 PC 上运行的 Internet Explorer 版本在功能上有所不同。

用于 Windows CE 的 Media Player 已安装在 HMI 设备上，Media Player 用于播放一些媒体格式，例如，播放有关维护和维修的视频序列。Media Player 支持以下格式：WMA；MPEG。用于 Windows CE 的 Media Player 与在 PC 上运行的 Media Player 版本在功能上有所不同。

4. 查看器

可以使用 ProSave 安装各种数据格式的查看器，可以通过桌面上的符号和开始菜单中"Programs"列出的程序来判断已安装了哪些查看器。可以安装的查看器见表 2-10。

表 2-10   可以安装的查看器

查看器	图　标
PDF 查看器	
Word 查看器	
Excel 查看器	

查看器可以读取和打印的文件格式见表 2-11。

表 2-11   查看器可以读取和打印的文件格式

查看器	可以读取和打印的文件格式
PDF 查看器	PDF
Word 查看器	DOC、RTF
Excel 查看器	XL

所有查看器都有缩放功能，Excel 查看器还具有以下功能。

（1）在电子表格标签之间切换。

（2）拆分电子表格。

（3）更改行高和列宽。

5. 控制面板

HMI 设备的控制面板类似于 PC 机的控制面板，HMI 设备的控制面板外观如图 2-38 所示。控制面板可用于修改以下设置：日期和时间；屏幕保护程序；区域设置；传送设置；网络设置；延迟时间；口令。

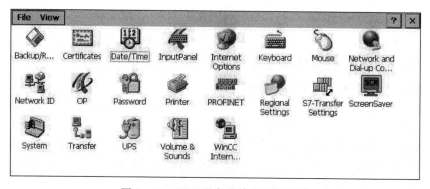

图 2-38　HMI 设备的控制面板外观

（1）打开控制面板。可按以下方式打开 HMI 设备的控制面板。

1）与正在运行的项目无关，按下装载程序中的"控制面板"按钮，从 Windows CE 开始菜单中调用。

2）通过激活的项目打开控制面板，为此，必须组态操作元素以打开控制面板。

通过开始菜单打开控制面板步骤如下。

1) 打开 Windows CE 开始菜单。使用按键进行操作的步骤：选择 ESC + CTRL 组合键；使用触摸屏进行操作的步骤：在字母数字 VDU 键盘上按两次 🔳 键。

2) 选择"设置"（Settings）＞"控制面板"（Control Panel）。

（2）控制面板功能。HMI 设备的控制面板功能见表 2 - 12。

表 2 - 12　　　　　　　　　　　　控制面板功能

图标	功 能		标签/输入
	使用外部存储设备保存和恢复		—
	导入、显示和删除证书		"Stores"
	设置日期和时间		"Date/Time"
	组态屏幕键盘		—
	更改浏览器启动页面和常规浏览器设置		"General"
	更改连接和代理服务器设置		"Connection"
	更改 cookie 设置		"Privacy"
	更改隐私设置		"Advanced"
	设置键盘的字符重复		"Repeat"
	设置双击		"Double - Click"
	参数化 LAN 连接		"ERTEC400"
	设置 IP 地址	"ERTEC400 Ethernet Driver' Settings"	"IP Address"
	设置名称服务器	"ERTEC400 Ethernet Driver' Settings"	"Name Servers"
	更改登录数据		"Identification"
	备份注册表信息		"Persistent Storage"
	更改监视器设置		"Display"
	显示关于 HMI 设备的信息		"Device"
	重新启动 HMI 设备		"Device"
	触摸屏校准①		"Touch"
	激活存储器管理		"Memory Monitoring"
	更改密码保护		"Password Settings"
	更改打印机属性		—

图标	功 能	标签/输入
	更改 PROFINET IO 设置	—
	更改区域设置	"Regional Settings"
	更改数字格式	"Number"
	更改货币格式	"Currency"
	更改时间格式	"Time"
	更改日期格式	"Date"
	更改传送设置	"MPI"
	更改 PROFIBUS－DP 传送设置	"PROFIBUS"
	设置屏幕保护程序，减少背光	—
	显示系统信息	"General"
	显示存储器信息	"Memory"
	设置 HMI 设备的设备名称	"Device Name"
	组态数据通道	"Channel"
	设置延迟时间	"Directories"
	设置不间断电源	"Configuration"
	不间断电源的状态	"Current Status"
	设置按键和触摸屏操作的操作反馈，设置按键操作的操作反馈，设置意外操作的声音信号	"Volume"
	将声音分配给事件	"Sounds"
	更改电子邮件设置② "Email"	更改电子邮件设置② "Email"

① 仅针对 MP 377 Touch。

② "WinCC flexible Internet Settings" 对话框中可能还会显示其他选项卡，这取决于在项目中已经启用的网络操作选项。

（3）操作控制面板。HMI 设备的硬件配置决定着以下哪些操作控件选项可以使用。

1）触摸屏对话框中显示的操作元素是触摸式的。触摸对象的操作与机械键的操作基本相同，操作元素可通过手指触摸的方式来激活。要双击操作元素，应连续触摸两次。

2）HMI 设备键盘。通过 HMI 设备上的按键选择并操作对话框中显示的操作元素。

3）外部 USB 键盘。外部键盘可用于操作控制面板，其操作方式与使用 HMI 设备键盘完全相同。使用外部键盘上的按键，这些按键与说明中的 HMI 设备键对应。

4）外部 USB 鼠标。可以使用外部鼠标操作控制面板，其操作方式与使用 HMI 设备触摸屏完全相同，用鼠标单击所述操作元素即可。

相关操作如下。

1）使用触摸屏进行操作。按照以下步骤更改"Control Panel"中的设置。

a. 使用控制面板按钮打开控制面板。

b. 要打开所需的对话框，应双击其符号。

c. 根据要求更改标签。

d. 进行必要的更改，触摸相应的输入对象：①使用 HMI 设备的屏幕键盘在文本框中输入新值；②触摸按钮以对其进行操作；③触摸选择框以打开下拉列表框，触摸下拉列表框中的所需条目；④触摸复选框以激活或取消激活该复选框；⑤触摸单选按钮以将其选中。

e. 使用 **OK** 按钮确认选择或使用 **×** 按钮中止输入，关闭对话框。

f. 使用 **×** 按钮关闭控制面板，将出现装载程序。

2）使用屏幕键盘输入。屏幕键盘可用于输入数据，只要触摸一个文本框，即会显示屏幕键盘。也可直接从"Control Panel"中调用屏幕键盘。可更改屏幕键盘的显示方法并固定其在屏幕上的位置。使用 **←** 按钮确认输入或使用 **ESC** 键中止输入，其中任一项操作均会关闭屏幕键盘。数字屏幕键盘如图 2-39 所示，字母数字屏幕键盘如图 2-40 所示。字母数字键盘由以下两个层次构成：正常级；转换级。改变屏幕键盘的显示方式见表 2-13。

图 2-39　数字屏幕键盘

图 2-40　字母数字屏幕键盘

表 2-13　　　　　　　　　　　改变屏幕键盘的显示方式

按　键	功　能
Num	在数字键盘和字母数字键盘之间切换
⇧	在字母数字屏幕键盘的正常级和转换级之间切换
Alt Gr	切换到特殊字符
▬	从完整显示切换为缩小显示
⬚	从缩小显示切换为完整显示
×	关闭屏幕键盘

3）使用 HMI 设备的系统键来操作控制面板。要更改控制面板中的设置，可按以下步骤进行操作。

a. 打开控制面板。

b. 使用光标键在装载程序中选择“Control Panel”按钮。

c. 按下ENTER键，控制面板即会打开。

d. 使用光标键选择代表所需对话框的符号。

e. 按下ENTER键，打开对话框。

f. 根据要求更改选项卡，按下TAB键，直到选择了此标签名称，在使用光标键在选项卡之间进行切换。

g. 使用TAB键返回到输入区域。

h. 进行必要的更改，要执行此操作，应使用TAB键高亮显示相应的输入对象：①使用 HMI 设备的系统键在文本框中输入新值；②要操作某个按钮，应使用光标键选择此按钮，然后按下ENTER键；③使用组合键ALT+▼打开下拉列表框。

使用光标键从下拉列表框中选择所需条目：①按下ENTER键，确认所选条目；②按下␣键，激活或禁用复选框；③使用光标键从一组单选按钮中选择一个按钮。

i. 使用ENTER键确认输入，或使用ESC键放弃输入，如果已选择了输入对象，那么必须先完成输入，对话框随即关闭。

j. 关闭控制面板。按下ALT键执行此操作，控制面板菜单随即打开。

k. 使用光标键选择“Close”项。

l. 按下ENTER键，出现装载程序。

用于选择操作的元素见表 2-14，使用操作元素见表 2-15，输入组合键见表 2-16。

表 2-14　　选择操作的元素

键	功 能	说 明
TAB SHIFT + TAB	制表键	按照 TAB 顺序选择下一个/上一个操作元素
◀ ▶ ▼ ▲	光标键	选择位于当前画面对象左、右、上或下的下一个操作元素。在操作元素中浏览

表 2-15　　使用操作元素

键	功 能	说 明
HOME	向后翻页	在列表中向后翻页

续表

键	功 能	说 明
FN + HOME	滚动到开始位置	滚动到列表的开始位置
END	向前翻页	在列表中向前滚动一页
FN + END	滚动到结束位置	滚动到列表的结束位置
ENTER	ENTER 键	操作一个按钮；接受并结束输入
ESC	取消	删除输入值的字符并恢复原始值，关闭激活的对话框
INS DEL	删除字符	删除当前光标位置右侧的字符
←	删除字符	删除当前光标位置左侧的字符
ALT + ▼	打开下拉列表框	打开下拉列表框
CTRL + ENTER	接受值	接受在下拉列表框中所选的值而不关闭列表

表 2-16   输入组合键

键	功 能	用 途
A-Z	切换键布局	切换有多种布局方式的按键布局，没有 LED 亮起，启用了数字布局 按一次该按钮可切换到字母布局，一个 LED 亮起，启用左或右字母布局 每按一下按键，系统就在左侧字母布局、右侧字母布局和数字布局之间切换
SHIFT	在大小写字母之间切换	在组合键中使用，例如，输入大写字母时
FN	切换到附加键布局	某些键包括印有蓝色标记的键布局，例如，字符"%"，在组合键中使用，用于切换到蓝色键布局
CTRL	常规控制功能	在组合键中使用
ALT	常规控制功能	在组合键中使用

6. 更改操作设置

（1）组态屏幕键盘。通过"InputPanel"图标打开"Siemens HMI Input Panel – Options"对话框，如图 2 – 41 所示：①用于在屏幕键盘中显示按钮的复选框；②用于显示屏幕键盘的按钮；③用于保存屏幕键盘设置的按钮。

组态屏幕键盘的操作步骤如下。

1）如果要更改屏幕键盘的大小，则激活"Show Resize button"复选框。按钮随即显示在待打开的屏幕键盘中。

2）如果要防止更改屏幕键盘的大小，则禁用"Show Resize button"复选框。按钮随即从待打开的屏幕键盘中删除。

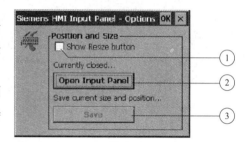

图 2 – 41　"Siemens HMI Input Panel – Options"对话框

3）使用"Open Input Panel"按钮打开屏幕键盘。

4）如果要在数字屏幕键盘和字母数字屏幕键盘之间进行切换，则按下键。

5）如果要更改屏幕键盘的位置，则使用鼠标指针在两个按键之间选择一个空白处。将屏幕键盘移动到所需位置后，释放鼠标指针。

6）如果要增加或减小屏幕键盘的大小，则将鼠标指针置于按钮上方。

7）使用鼠标指针拖动屏幕键盘进行缩放来调整其大小，达到所需大小后，释放鼠标指针。

8）如果要保存设置，则按下"Save"按钮。

9）确认输入，对话框随即关闭。

（2）设置字符重复。通过"Keyboard"图标打开了"Keyboard Properties"对话框，如图 2 – 42 所示：①用于激活字符重复的复选框；②用于设置字符重复之前延迟时间的滚动条控件和按钮；③用于设置字符重复速度的滚动条控件和按钮；④为测试域。

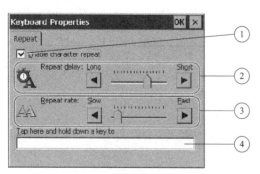

图 2 – 42　"Keyboard Properties"对话框

设置字符重复的操作步骤如下。

1）如果要启用字符重复，则激活"Enable character repeat"复选框。

2）如果要更改延迟，则按住"Repeat delay"组中的某个按钮或者滚动条。向右移动滚动条将缩短延迟，向左移动则会延长延迟。

3）如果要更改重复率，则按下"Repeat rate"组中的某个按钮或者滚动条。向右移动滚动条将减小重复率，向左移动则增加重复率。

4）检查这些设置。使用触摸屏进行操作的步骤为：①触摸测试域，屏幕键盘将打开；②根据需要移动屏幕键盘。

使用按键进行操作的步骤如下：①按住某个字母数字键，在测试域中检查字符重复和字符重复率；②如果这些设置不理想，则更正它们；③确认输入，对话框随即关闭。

（3）设置双击。通过"Mouse"🖱图标打开了"Mouse Properties"对话框，如图2-43所示。①为图案；②为图标。

设置双击的操作步骤如下。

1）单击图案两次。在第二次单击后，图案▨将以相反的颜色显示，并且白色区域将变为灰色。第二次单击前的时间将被保留。

2）检查双击。在图标上连续单击两次即可。如果识别到双击，则图标如▨所示。

3）如果这些设置不理想，则更正它们。在进行更正时应重复步骤1）到步骤2）。

4）确认输入，对话框随即关闭。

（4）校准触摸屏。由于安装位置和视角的不同，在操作触摸屏时可能会出现视差。为避免操作失误，在启动阶段或运行期间应再次校准触摸屏。通过"OP"✒图标打开"OP Properties"对话框的"Touch"选项卡，如图2-44所示。校准触摸屏的操作步骤如下。

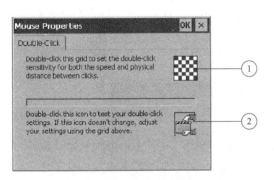

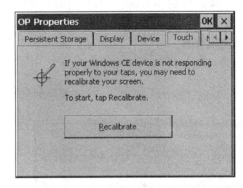

图2-43 "Mouse Properties"对话框 　　图2-44 "OP Properties"对话框的"Touch"选项卡

1）单击"Recalibrate"按钮。将打开图2-45（a）所示的对话框。

2）短时触摸校准十字准线①的中心。校准十字准线将显示在另外四个位置。

3）在每个位置上短时触摸校准十字准线的中心。触摸完各个位置的校准十字准线后，将出现图2-45（b）所示的对话框。

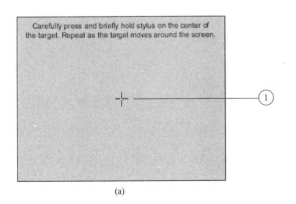

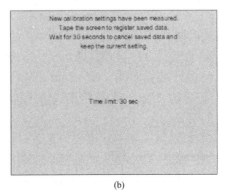

(a) 　　　　　　　　　　　　　　　　　　(b)

图2-45 校准触摸屏对话框

4）触摸触摸屏。随即会保存校准结果。将再次显示"OP Properties"对话框的

"Touch"选项卡。如果未在所示时间内触摸触摸屏,则保留原始设置。

5) 关闭对话框。

(5) 设置密码保护。通过"Password" 🎥图标打开"Password Properties"对话框,如图 2-46 所示,设置密码保护的操作步骤如下:

1) 在"Password"文本框中输入密码。

2) 在"Confirm password"文本框中重复输入的密码。

3) 确认输入,对话框随即关闭。

(6) 取消密码保护。通过"Password" 🎥图标打开了"Password Properties"对话框,如图 2-46 所示,取消密码保护的操作步骤如下。

1) 删除"Password"文本框和"Confirm password"文本框中的输入内容。

2) 确认输入,对话框随即关闭。

7. 更改 HMI 设备设置

(1) 设置日期和时间。通过"Date/Time Properties" 🖼️图标打开了"日期/时间属性"(Date/Time Properties)对话框,如图 2-47 所示:①为时区选择框;②为时间的输入域;③为日期选择框;④为"Daylight savings"复选框;⑤为用于应用更改的按钮。

设置日期和时间的操作步骤如下。

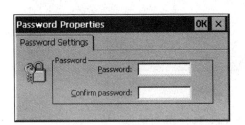

图 2-46 "Password Properties"对话框

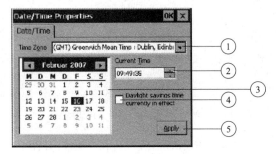

图 2-47 "日期/时间属性"(Date/Time Properties)对话框

1) 从"Time Zone"选择域中为 HMI 设备选择适当的时区。

2) 触摸"Apply"按钮确认输入。"Current Time"域中显示的时间会相应调整为所选时区的时间。

3) 在选择框中设置日期。

4) 在"当前时间"(Current Time)文本框中设置当前时间。

5) 单击"Apply"按钮确认输入。所设置的值即会生效。系统不会自动在冬令时和夏令时之间切换。

6) 如果要从冬令时切换到夏令时,则激活"Daylight savings time currently in effect"复选框。按下"Apply"按钮后,时间则会调快一个小时。

7) 如果要从夏令时切换到冬令时,则禁用"Daylight savings time currently in effect"复选框。按下"Apply"按钮后,时间则会调慢一个小时。

8) 确认输入,对话框随即关闭。

可在项目和 PLC 程序中将 HMI 设备的日期和时间组态为与 PLC 同步,如果 HMI 设备触发 PLC 中的时间控制响应，那么就必须将时间和日期同步。

（2）更改区域设置。通过"Regional Settings"图标打开了"Regional and Language Settings"对话框，如图 2-48 所示：①为区域选择框。更改区域设置的操作步骤如下。

1）在选择框中选择区域。

2）切换到"Number"、"Currency"、"Time"和"Date"选项卡，然后将选择框设置为所需设置。

3）确认输入，对话框随即关闭。

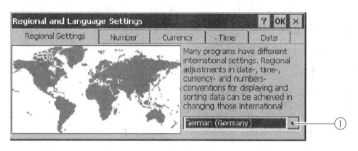

图 2-48　"Regional and Language Settings"对话框

（3）备份注册表信息。通过"OP"图标打开了"OP Properties"对话框的"Persistant Storage"选项卡，如图 2-49 所示：①为文本的意义：将当前注册表信息保存到闪存中，HMI 设备在下次启动时将装载已保存的注册表信息；②为用来保存注册表信息的按钮；③为用于保存临时文件的按钮；④为文本的意义：将所有临时存储的文件（例如，"Program Files"目录中的文件）都保存到闪存中，启动 HMI 设备时，将写回这些文件，不保存"\ Temp"目录；⑤为 HMI 设

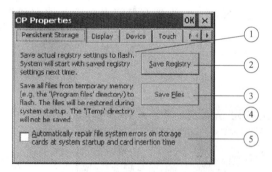

图 2-49　"OP Properties"对话框的"Persistant Storage"选项卡

备启动时以及插入存储卡时，会自动恢复存储卡上的文件系统。

备份注册表信息的操作步骤如下。

1）如果希望系统自动恢复，则激活"Automatically repair file systemerrors…"复选框。如果未选中此复选框，则仅在提示系统进行恢复时才会恢复系统。

2）单击所需的按钮。

3）确认输入，对话框随即关闭。

（4）更改监视器设置。通过"OP"图标打开了"OP Properties"对话框的"Display"选项卡，如图 2-50 所示。更改监视器设置的操作步骤如下。

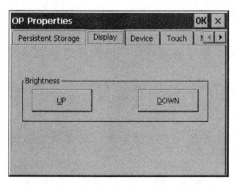

图 2-50　"OP Properties"对话框"Display"选项卡

1）如果要增加亮度，则按下"UP"按钮。

2）如果要减小亮度，则按下"DOWN"按钮。

3）确认输入，对话框随即关闭。

（5）设置屏幕保护程序。通过"Screensaver" 图标打开了"Screensaver"对话框，如图2-51所示：①为背光降低的时间间隔（以分钟为单位）；②为屏幕保护程序激活之前的时间（分钟）；③为屏幕保护程序的单选按钮。

激活屏幕保护程序的操作步骤如下。

1）输入背光降低之前时间间隔的分钟数。输入"0"将禁用背光降低功能。

2）输入屏幕保护程序激活前间隔的分钟数。最短时间是5分钟，最长时间是71582分钟。输入"0"将禁用屏幕保护程序。

3）选择屏幕保护程序或者选择空屏幕。如果希望屏幕保护程序起作用，则激活"Standard"单选按钮。如果不希望屏幕保护程序起作用，则激活"Blank Screen"单选按钮。

4）确认输入，对话框随即关闭。

（6）更改打印机属性。通过"Printer" 图标打开了"Printer Properties"对话框，如图2-52所示：①为打印机的选择域；②为端口选择框；③为打印机的网络地址；④为纸张格式选择框；⑤为带有打印方向单选按钮的组方向；⑥为打印质量复选框；⑦为彩色打印复选框。

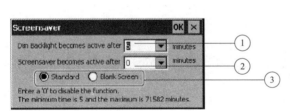

图2-51 "Screensaver"对话框

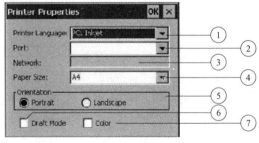

图2-52 "Printer Properties"对话框

更改打印机属性的操作步骤如下。

1）从"Printer Language"选择框中选择打印机。

2）从"Port"选择框中选择打印机端口。

3）如果想要通过网络打印，则在"Network"文本框中输入打印机的网络地址。

4）从"Paper Size"选择框中选择纸张格式。

5）在"Orientation"组中激活一个单选按钮。"Portrait"用于纵向；"Landscape"用于横向。

6）选择打印质量。如果希望以草图模式打印，则选中"Draft Mode"复选框。如果希望进行更高质量的打印，则取消选中"Draft Mode"复选框。

7）如果所选打印机可以进行彩色打印，而且也希望如此，则激活"Color"复选框。

8）确认输入，对话框随即关闭。

（7）启用声音并设置音量。通过"Volume & Sounds" 图标打开了"Volume &

Sounds Properties"对话框的"Volume"选项卡，如图2-53所示：①为声音警告和系统事件；②为程序特定的声音；③为通知的声音；④为使用按键时的声音反馈；⑤为使用触摸屏时的声音反馈；⑥为用于设置"Enablesoundsfor"组音量的按键和控制器。

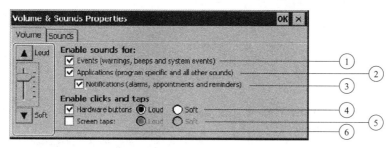

图2-53 "Volume & Sounds Properties"对话框的"Volume"选项卡

如果禁用"Enablesoundsfor"下的设置，则在意外操作时将不再发出声音信号。启用声音并设置音量的操作步骤如下。

1）在"Enablesoundsfor"组中激活所需的复选框。如果没有复选框被激活，将不会输出声音反馈。

2）如果希望在进行输入时发出声音信号，则激活以下复选框：①使用按键控制："Hardware buttons"；②使用触摸控件："Screen taps"。

3）使用"Loud"和"Soft"单选按钮在发送有声信号和发送静音信号之间进行选择。

4）如果要更改有声消息的音量，应使用控制器或者"Loud"键和"Soft"键执行操作。

5）确认输入，对话框随即关闭。

（8）将声音分配给事件。通过"Volume & Sounds"图标打开了"Volume & Sounds Properties"对话框的"Sound"选项卡，如图2-54所示。将声音分配给事件的操作步骤如下。

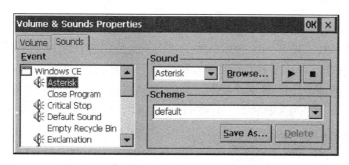

图2-54 "Volume & Sounds Properties"对话框"Sound"选项卡

1）从"Event"组中选择适当的声音。所选声音随即显示在"Sound"组的相关列表框中。

2）如果要听该声音，则单击▶按钮。声音会通过连接到HMI设备的扬声器输出。单击■按钮可停止声音输出。

3）如果不能找到适合的声音，则可使用"Browse"按钮切换到所选的文件夹。所选声音随即显示在"Sound"组的相关列表框中。

4）确认输入，对话框随即关闭。

（9）重新启动 HMI 设备。在以下情况下必须重新启动 HMI 设备：①启用或禁用了"PROFINETIO"直接键；②更改了时区设置；③更改了自动夏令时和标准设置。

因在 HMI 设备重新启动时，所有易失数据都将丢失，所以在重新启动前应检查下列各项：①HMI 设备上的项目已经完成；②没有要写入闪存的数据。

通过"OP"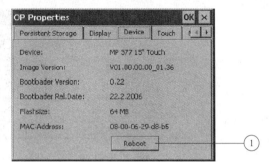图标打开了"OP Properties"对话框的"Device"选项卡，如图 2-55 所示：①是用来重新启动 HMI 设备的按钮。重新启动 HMI 设备的操作步骤如下。

图 2-55　"OP Properties"对话框的"Device"选项卡

1）如果要重新启动 HMI 设备，则按下"Reboot"按钮，将显示如图 2-56 所示消息窗口：①表示如果运行此功能，所有尚未备份的数据将丢失，应在重新启动前关闭所有应用程序。

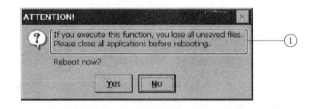

图 2-56　消息窗口

2）单击"是"（Yes）进行确认。HMI 设备立即重新启动。如果单击"否"（No），消息将关闭，而不重新启动。

（10）显示关于 HMI 设备的信息。通过"OP"图标打开了"OP Properties"对话框的"Device"选项卡，如图 2-57 所示：①为 HMI 设备名称；②为 HMI 设备映像的版本；③为引导装载程序的版本；④为引导装载程序的发行日期；⑤为存储 HMI 设备映像和项目的内部闪存大小；⑥为 HMI 设备的 MAC 地址；⑦为重新启动 HMI 设备的按钮。

如图 2-57 所示数据为 MP 37715 系列 HMI 设备的数据，因此，可能有别于用户所用的HMI 设备数据。在"Device"选项卡中将显示 HMI 设备特定的信息，内部闪存的大小与项目的可用工作存储器并不对应。

（11）显示系统属性。通过"System"图标打开了"System Properties"对话框的"General"选项卡，如图 2-58 所示：①Microsoft Windows CE 的版权；②关于处理器和内部闪存大小的详细信息。

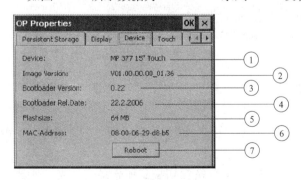

图 2-57　"OP Properties"对话框的"Device"选项卡

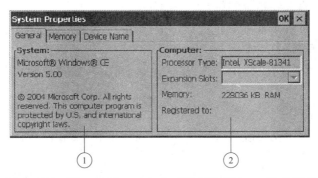

图 2-58 "System Properties"对话框的"General"选项卡

图 2-58 所示数据为设备特定的数据,因此可能有别于用户所用的 HMI 设备数据,该对话框属性为只读。

(12)显示存储器的分配。通过"System"图标打开了"System Properties"对话框的"Memory"选项卡,如图 2-59 所示。显示存储器分配的操作步骤如下。

1)确定 HMI 设备的当前存储器结构。

2)关闭对话框。

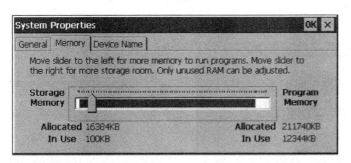

图 2-59 "System Properties"对话框"Memory"选项卡

8. 设置存储位置

通过"Transfer"图标打开了"Transfer Settings"对话框的"Directories"选项卡,如图 2-60 所示:①为保存项目文件的目录;②为项目的压缩源文件所保存的目录;③为 HMI 设备用于过程操作的存储位置和初始化文件。

如果在"Project File"文本框和"Path"文本框中进行了更改,则在下次启动 HMI 设备时可能打不开该项目。勿更改"Project File"文本框和"Path"文本框中的输入内容。设置存储位置的操作步骤如下。

(1)从"Project Backup"文本框中选择存储位置,可以将外部存储卡或数据网络中的位置定义为存储位置。在下一次备份过程

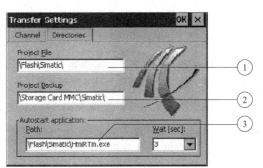

图 2-60 "Transfer Setting"
对话框"Direction"选项卡

71

中，项目的源文件会存储在指定的位置。

（2）确认输入，对话框随即关闭。

9. 设置延迟时间

通过"Transfer"图标打开了"Transfer Settings"对话框的"Directories"选项卡，如图2-61所示。

如果在"Project File"文本框和"Path"文本框中进行了更改，则在下次启动 HMI 设备时可能打不开该项目。勿更改"Project File"文本框和"Path"文本框中的输入内容。设置延迟时间的操作步骤如下。

（1）从"Wait [sec]"选择框中选择所需的延迟时间（以秒为单位）。如果数值为"0"，则项目将立即启动。这样，在接通 HMI 设备之后将不可能调用装载程序。如果仍然希望访问装载程序，则必须组态用于关闭项目的操作元素。

（2）确认输入，对话框随即关闭。

10. 设置不间断电源

通过"UPS"图标打开了"UPS Properties"对话框的"Configuration"选项卡，如图2-62所示：①为时间文本框（经过此时间后显示消息"电池模式已激活"）；②为启用电池模式的复选框；③为时间文本框（经过此时间后显示消息"端口有故障"）；④为"端口有故障"消息的复选框。

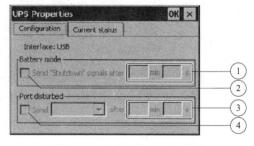

图2-61　"Transfer Settings"
对话框"Directories"选项卡

图2-62　"UPS Properties"
对话框的"Configuration"选项卡

设置不间断电源操作的步骤如下。

（1）如果要启用电池模式，则激活"Battery mode"复选框。

（2）在"min"和"s"文本框中输入终止应用程序的时间。当 UPS 生效时，会收到一条消息。然后，应用程序，如 HMIRuntime 和 WinAC MP，会根据所输入的时间被终止。

（3）如果希望在 UPS 连接到的端口发生故障时收到一条消息，则激活"Port disturbed"复选框。

（4）从列表框中选择想要的消息。

（5）在"min"和"s"文本框中输入时间，经过此时间后将显示消息"端口有故障"。

11. 设置不间断电源的状态

通过"UPS"图标打开了"UPS Properties"对话框的"Current status"选项卡，如

图 2-63 所示：①当未连接 UPS 时，显示消息"未运行 UPS 程序。当前状态不可用。"设置不间断电源的状态的操作步骤如下。

（1）安装 UPS 监视软件。

（2）连接 UPS。

（3）如果要更新监视状态，则按下"Update"按钮。消息将根据当前设置进行更改。如果未激活"Configuration"选项卡中的任何复选框，则消息将保持不变。

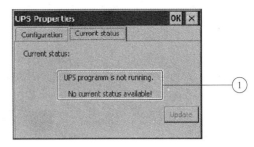

图 2-63　"UPS Properties"对话框的"Current status"选项卡

12. 启用 PROFINET IO

通过"PROFINET" 图标打开了"PROFINET"对话框，如图 2-64 所示：①为激活或禁用"PROFINET IO"直接键；②为设备名称的文本框；③为 HMI 设备的"MAC"地址。

如果设备名称与在 STEP 7 的 HWConfig 中所输入的设备名称不匹配，则直接键不可用。应使用 STEP 7 的 HWConfig 中的设备名称，此设备名称与 Windows CE 下所用的设备名称并不对应。在 ETHERNET 数据网络内，设备名称必须唯一，且应符合 DNS 约定。包括以下各项限制。

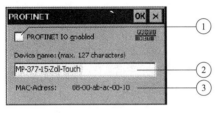

图 2-64　"PROFINET"对话框

（1）总字符数限制在 127 个字符（字母、数字、连字符或点）以内。

（2）设备名称的构成部分：例如，两点之间的字符串，不可超过 63 个字符。

（3）不允许使用特殊字符，如变音符号、括号、下划线、斜线、空格等。连字符是个例外。

（4）设备名称不得以"-"字符开始或结尾。

（5）设备名称不得采用 n.n.n.n（n=0 到 999）格式。

（6）设备名称不得以字符序列"port-xyz-"（x、y、z=0 到 9）开始。

启用 PROFINET IO 的操作步骤如下：

（1）如果要启用"PROFINET IO"直接键，则激活"PROFINET IO enabled"复选框。

（2）输入 HMI 设备的设备名称。

（3）确认输入，对话框关闭。

13. 更改传送设置

（1）设置数据通道。通过"Transfer Settings" 图标打开了"Transfer Settings"对话框的"Channe 1"选项卡，如图 2-65 所示：①为数据通道 1 的分组（"Channel 1"）；②为数据通道 2 的分组（"Channel 2"）；③为"MPI/DP-Transfer Settings"和/或"Network and Dial-Up Connections"对话框的按钮。

意外传送模式可能引发在工厂中触发意外动作，确保在打开项目期间，组态 PC 不会无意之中将 HMI 设备切换到传送模式。

1）"Channel 1"的"远程控制"。如果在"在线"操作模式时激活"Remote Control"复选框，则无法将X10端口用于通信。对于"在线"操作模式，必须禁用"Remote Control"复选框。因此，串行传送完成后，在"Channel 1"组中，必须禁用"Remote Control"复选框。

2）使用"Channel 2"的传送模式。启动HMI设备上的项目时，将使用项目中的值覆盖MPI/PROFIBUS-DP的传送参数，如HMI设备地址。可更改通过"Channel 2"传

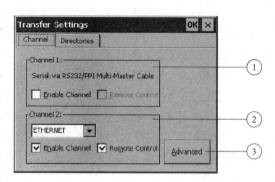

图2-65 "Transfer Settings"对话框的"Channe 1"选项卡

送的设置，需要执行以下步骤：①关闭项目；②更改HMI设备上的设置；③然后返回到"Transfer"模式。

下次在HMI设备上启动项目时，这些设置将被项目中的值覆盖。如果在HMI设备处于"Transfer"模式时更改传送设置，则只有在重新启动传送功能后，这些设置值才会生效。在打开控制面板更改活动项目中的传送属性时，可能会发生这种情况。更改传送设置的操作步骤如下：

1）如果要启用数据通道，则激活"Channel 1"或"Channel 2"组中的"Enable Channel"复选框。在"Channel 1"组中，启用用于串行数据传送的RS 232/422/485端口。在"Channel 2"组中启用网络端口。

2）如果要启用自动传送，则激活相关的"Remote Control"复选框。

3）如果已经启用"Channel 2"数据通道，则从选择框中选择记录。

4）根据需要，输入其他参数。

适用于"MPI/PROFIBUS-DP"：①使用"Advanced"按钮切换到"S7-Transfer Settings"对话框，可以在那里更改MPI/PROFIBUS-DP的设置；②确认输入。"S7-TransferSettings"对话框将被关闭。

适用于"ETHERNET"：①使用"Advanced"按钮切换到"Network & Dial-Up Connections"；②打开"ERTEC400"条目，可以在那里更改TCP/IP设置；③确认输入，关闭"Network & Dial-Up Connections"。

适用于"USB"：对于"USB"，不需要任何设置。

5）确认输入。对话框随即关闭。

（2）更改MPI/PROFIBUS-DP设置。在HMI设备项目中定义MPI或PROFIBUS-DP的通信设置，在以下情况下，可能需要更改传送设置。

1）第一次传送项目时。

2）对项目进行了更改，但只在以后应用更改时。

使用MPI/PROFIBUS-DP的传送模式将从HMI设备上当前装载的项目中读取总线参数，可修改MPI/PROFIBUS-DP的传送设置，需要执行以下步骤。

1）关闭项目。

2）更改HMI设备上的设置。

3）然后返回到"传送"模式。

在以下情况下，更改的 MP/PROFIBUS-DP 设置将被覆盖。

1）再次启动项目。

2）已传送和启动项目。

通过"S7-Transfer Settings" 图标打开了"S7-Transfer Settings"对话框，如图 2-66所示：①为网络选择；②为用于打开"Properties"对话框的按钮。

更改 MPI/PROFIBUS-DP 设置的操作步骤如下。

1）选择一个网络。

2）使用"Properties"按钮打开"MPI"或"PROFIBUS"对话框，如图 2-67 所示：①为 HMI 设备是总线上的唯一主站；②为 HMI 设备的总线地址；③为超时；④为整个网络中的数据传输率；⑤为网络中的最高站地址；⑥为配置文件；⑦为用于显示总线参数的按钮。

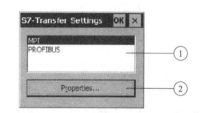

图 2-66　"S7-Transfer Settings"对话框

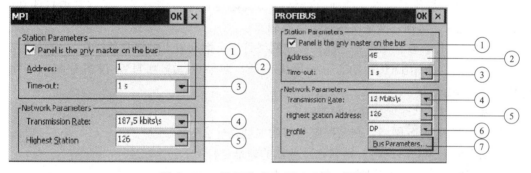

图 2-67　"MPI""PROFIBUS"对话框

3）如果有若干个主站连接到总线上，则禁用"Panel is the only master on the bus"复选框。

4）在"Address"文本框中输入 HMI 设备的总线地址。"Address"文本框中的总线地址在整个 MPI/PROFIBUS-DP 网络中必须唯一。

5）从"Transmission Rate"文本框中选择传输率。

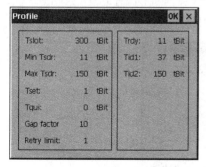

图 2-68　配置文件数据

6）在"Highest Station Address"或"Highest Station"文本框中输入总线上的最高站地址。

7）从"Profile"选择框中选择所需的配置文件。

8）如果要查看配置文件数据，按 PROFIBUS 对话框的"Bus parameter"按钮。即会显示配置文件数据，如图 2-68 所示。"Profile"对话框属性为只读。对于 MPI/PROFIBUS-DP 网络中的所有站来说，总线参数必须相同。

9）关闭"Profile"对话框。

10）确认输入，对话框随即关闭。

14. 组态网络操作

可以使用以太网端口，将 HMI 设备连接到 PROFINET 网络。HMI 设备在 PC 网络中只有客户机功能，这表示用户可以从 HMI 设备通过网络访问具有 TCP/IP 服务器功能节点上的文件。但不能通过网络从 PC 访问 HMI 设备上的数据。到网络的连接可以提供以下选项。

1）通过网络打印机进行打印。

2）在服务器上保存、导出和导入配方数据记录。

3）设置消息和数据归档。

4）传送项目。

5）保存数据。

6）寻址。

在 PROFINET 网络中，通常使用计算机名称寻址计算机。这些计算机名称通过 DNS 或 WINS 服务器转换成 TCP/IP 地址。这就是当 HMI 设备位于 PROFINET 网络中时，通过计算机名称寻址需要 DNS 或 WINS 服务器的原因。在 PROFINET 网络中，通常存在相应的服务器可用。

HMI 设备的操作系统不支持通过网络打印机逐行打印报警记录，所有其他打印功能，如硬拷贝或记录，可通过网络实现且不受限制。

（1）准备工作。在开始组态之前，应向网络管理员询问以下网络参数。

1）网络是否使用 DHCP 动态分配网络地址？如果否，应为 HMI 设备分配一个新的 TCP/IP 网络地址。

2）哪个 TCP/IP 地址是默认网关？

3）如果使用 DNS 网络，则名称服务器的地址是什么？

4）如果使用 WINS 网络，则名称服务器的地址是什么？

在组态网络之前，必须先组态 HMI 设备。组态基本上分成以下步骤。

1）输入 HMI 设备的计算机名称。

2）组态网络地址。

3）设置登录信息。

4）保存设置。

（2）设置 HMI 设备的设备名称。在通信网络中，HMI 设备使用设备名称对自身进行标识。通过"System"图标打开了"System Properties"对话框的"Device Name"选项卡，如图 2-69 所示：①为 HMI 设备的设备名称；②为 HMI 设备的描述（可选）。

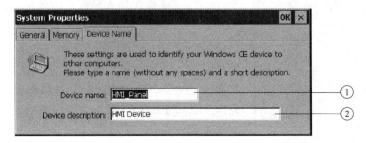

图 2-69 "System Properties"对话框"Device Name"选项卡

要激活该网络功能，应在"Device name"文本框中输入唯一的计算机名称。设置 HMI 设备的设备名称的操作步骤如下。

1）在"Device name"文本框中输入 HMI 设备的设备名称。

2）如果需要，应在"Device description"文本框中输入 HMI 设备的说明。

3）确认输入，对话框随即关闭。

（3）更改网络组态。点击"Network & Dial‐Up Connections" 图标打开如图 2‐70 所示"ERTEC400"条目。更改网络组态的操作步骤如下。

图 2‐70 "ERTEC400"条目

1）打开"ERTEC400"条目。将会打开"'ERTEC400 Ethernet Driver'Settings"对话框，如图 2‐71 所示。

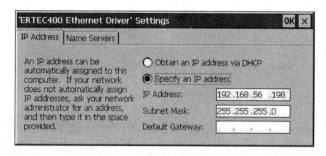

图 2‐71 "'ERTEC400 Ethernet Driver'Settings"对话框

2）如果需要自动发送地址，应选择"Obtainan IP addressvia DHCP"单选按钮。

3）如果需要手动发送地址，应选择"Specify an IP address"单选按钮。

4）如果已经选择了手动发布地址，则应在"IP Address"和"Subnet Mask"文本框中输入相应的地址，如有必要，在"Default Gateway"中也应输入相应的地址。

5）如果在网络中使用了名称服务器，应切换至"Name Servers"选项卡，如图 2‐72 所示。

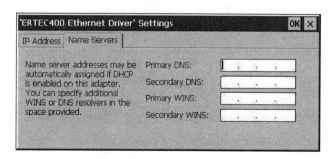

图 2‐72 "Name Servers"选项卡

6）在各个文本框中输入相应的地址。

7）确认输入，对话框随即关闭。

8）关闭"Network Dial - Up Connections"显示。"控制面板"将再次显示。

（4）更改登录数据。通过"Network ID"图标打开了"Network ID"对话框，如图 2-73 所示。更改登录数据的操作步骤如下。

1）在"User name"文本框中输入用户名。

2）在"Password"文本框中输入密码。

3）在"Domain"文本框中输入域名。

4）确认输入，对话框随即关闭。

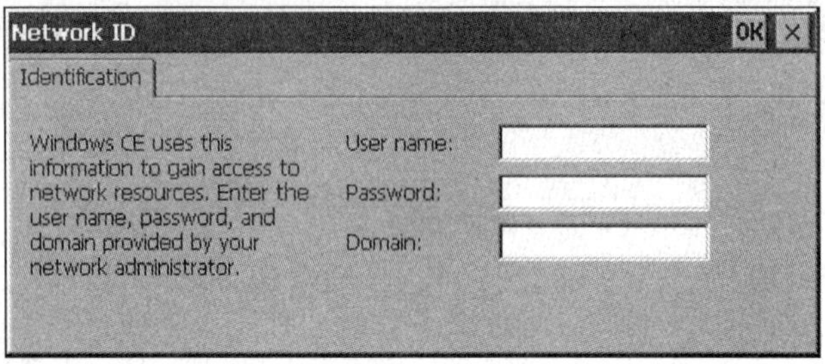

图 2 - 73　"Network ID"对话框

（5）更改电子邮件设置。通过"WinCC Internet Settings"图标打开了"WinCC flexible Internet Settings"对话框，如图 2 - 74 所示：①为设置 SMTP 服务器；②为发件人姓名；③为电子邮件账户。

在"WinCC flexible Internet Settings"对话框中可能还会显示其他选项卡，这取决于在项目中启用的网络操作选项。更改电子邮件设置的操作步骤如下。

1）指定 SMTP 服务器。如果想使用已在项目中组态的 SMTP 服务器，应激活"Use the default of the project file"单选按钮。如果不想使用已在项目中组态的 SMTP 服务器，应禁用"Use the default of the project file"单选按钮。指定所需的 SMTP 服务器。

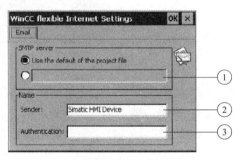

图 2 - 74　"WinCC flexible Internet Settings"对话框

2）在"Sender"文本框中输入发件人的姓名。

3）在"Authentication"文本框中输入用户的电子邮件账户。一些电子邮件提供商仅在指定了电子邮件账户后才允许用户发送电子邮件。如果电子邮件提供商允许用户发送电子邮件而不检查账户，则可以将"Authentication"文本框留空。

4）确认输入，对话框随即关闭。

（6）更改 Internet 设置。通过"Internet Options"图标打开了"Internet Options"对话框的"General"选项卡，如图 2 - 75 所示。切勿更改"User Agent"域中的设置，更改 Internet 设置操作步骤如下。

1）在"Start Page"文本框中输入 Internet 浏览器的主页。

2）在"Search Page"文本框中输入所需搜索引擎的地址。

3）在"Cache Size"文本框中输入所需的高速缓存大小。

4）如果要删除高速缓存，则按下"Clear Cache"按钮。

5）如果要删除历史记录，则按下"Clear History"按钮。

6）确认输入，对话框随即关闭。

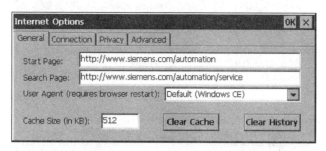

图 2-75　"Internet Options"对话框"General"选项卡

（7）设置代理服务器。通过"Internet Options" 图标打开了"Internet Options"对话框的"Connection"选项卡，如图 2-76 所示。设置代理服务器的操作步骤如下。

1）选择"Use LAN（no autodial）"复选框。

2）如果使用代理服务器，则在"Network"组中，激活"Access the Internet using a proxy server"复选框。指定代理服务器地址和端口。

3）如果对于本地地址要绕过代理服务器，则激活"Bypass proxy server for local addresses"复选框。

4）确认输入，对话框随即关闭。

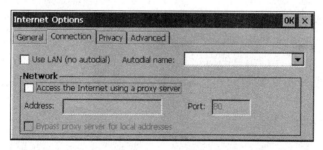

图 2-76　"Internet Options"对话框"Connection"选项卡

（8）更改隐私设置。

1）Cookie 和加密。Cookie 是 Web 服务器向浏览器发送的信息片段，随后访问该 Web 服务器时，会将 cookie 发送回去。这样即可在各次访问之间存储信息。为确保高度隐私性，数据将以加密形式通过 Internet 发送。常用加密协议包括 SSL 和 TLS，可以激活或取消激活加密协议的使用。

通过"Internet Options" 图标打开了"Internet 选项"（Internet Options）对话框的"隐私"（Privacy）选项卡，如图 2-77 所示。更改隐私设置的操作步骤如下：①通过单选按钮选择所需的 cookie 行为："Accept"，不用应求即存储 Cookie；"Block"，不存储 Cookie；"Prompt"，应求时存储 Cookie；②如果要允许限制为单个会话的 cookie，则激活"Always allow session cookies"复选框；③切换至"Advanced"选项卡，如图 2-78 所示；④激活所需的加密协议；⑤确认输入，对话框随即关闭。

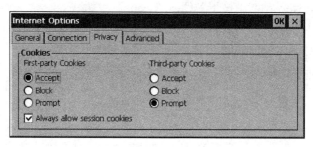

图 2-77　"Internet 选项"（Internet Options）对话框的 "隐私"（Privacy）选项

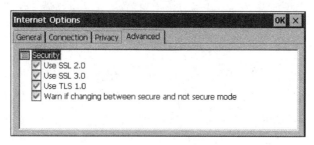

图 2-78　"Advanced" 选项卡

2）导入和删除证书。可以导入、查看和删除已为 HMI 设备导入的证书，这些证书在以下方面存在差异：信任的证书；自己的证书；其他证书。

通过 "Certificates" 图标打开了 "证书"（Certificates）对话框，如图 2-79 所示。导入和删除证书的操作步骤如下：①从选择框中选择证书类型："Trusted Authorities"；"My Certificates"；"Other Certificates"；②如果需要，可使用 "Import" 按钮启动导入过程，将打开一个包含来源详细信息的对话框；③如果需要，可使用 "Remove" 按钮删除证书，标记所需的证书；④如果要列出标记的证书属性，应按 "View" 按钮；⑤确认输入，对话框随即关闭。

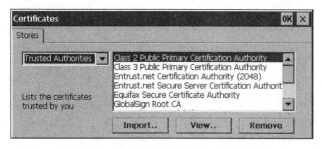

图 2-79　"证书"（Certificates）对话框

15. 保存到外部存储设备（备份）

通过 "Backup/Restore" 图标打开了 "Backup/Restore" 对话框，如图 2-80 所示。首次使用存储卡时的操作步骤如下。

（1）按下 "ESC" 键，取消格式化过程。

（2）从 HMI 设备上取下存储卡。

（3）将重要数据备份保存到 PC。

（4）将存储卡插入 HMI 设备。

（5）对 HMI 设备上的存储卡进行格式化。

保存到外部存储设备（备份）的操作步骤如下。

（1）按"BACKUP"按钮，打开"Select Storage Card"对话框。如果 HMI 设备上没有外部存储卡或此存储卡出现故障，则会显示消息"…no storage card available…"，插入存储卡或另换一个。

（2）从"Please select a Storage Card"列表框中选择用于备份的外部存储卡。

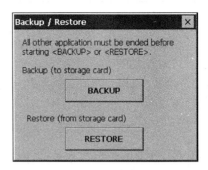

图 2 - 80 "Backup/Restore"对话框

（3）单击"StartBackup"按钮。HMI 设备将检查外部存储卡。如果出现消息"This storage card…"，则需要一个更大存储容量的外部存储卡。确认该消息，备份将终止。插入一个更大存储容量的外部存储卡并重新启动备份过程。如果出现消息"You may have an old backup on the storage card. Do you want to delete it?"，则说明在外部存储卡上已经存在该数据的备份。如果不想覆盖已存在的备份，则按"No"按钮。否则，单击"Yes"按钮。备份过程中，将依次显示多条消息：①Saving registry data；②Copy files。

进度条将显示备份进程的状态，当备份过程完成后，会显示以下消息："The operation completed successfully."

（4）确认该消息，对话框随即关闭。

16．从外部存储设备恢复

通过"Backup/Restore" ◈ 图标打开了"Backup/Restore"对话框，如图 2 - 81 所示。

在恢复操作期间，HMI 设备上的所有数据都将被删除，许可证密钥会在计数器查询后删除。如有必要，在恢复操作之前备份 HMI 设备的数据。如果插入多个包含数据备份的外部存储卡，则无法恢复数据，移除不需要的包含数据备份的外部存储卡。从外部存储设备恢复的操作步骤如下。

（1）按"RESTORE"按钮，打开"Storage Card"对话框如图 2 - 82 所示：①表示没有可用的存储卡；②表示仅允许使用一个包含备份的存储卡。未检测到存储卡。插入存储卡并按"Refresh"按钮。

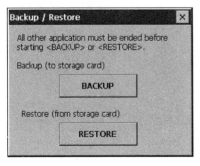

图 2 - 81 "Backup/Restore"对话框

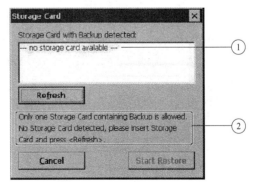

图 2 - 82 "Storage Card"对话框

（2）从"Storage Card with Backup detected"选择框中选择包含备份的外部存储卡。如果 HMI 设备上没有外部存储卡或此存储卡出现故障，则会显示消息"…no storage card available…"。

（3）如果出现消息"…no storage card available…"，应按"Cancel"按钮，随即会终止恢复：①为插入存储卡或更换另一个存储卡；②为单击"Refresh"按钮，将更改选择框中的内容；③为从"Storage Card with Backup detected"选择框中选择包含备份的外部存储卡。

（4）单击"Start Restore"按钮，随即会启动恢复。

（5）设备将检查要恢复的数据，检查期间，将依次显示以下消息。

"Starting Restore"

"Checking data"

数据检查完毕后，将显示以下消息："You are starting RESTORE now. All files（except files on storage cards）and the registry will be erased. Are you sure?"该消息意味着可启动恢复过程。除位于外部存储卡上的文件外，所有文件将被删除。选项卡条目也同样将被删除。您确定吗？

（6）如果允许从 HMI 设备上删除数据，则应按"ESC"按钮终止恢复进程。

（7）通过选择"Yes"启动恢复数据。恢复期间，将依次显示以下消息："Deleting files on flash"；"Restore CE Image"。

进度条将显示恢复过程的状态。

当恢复完成后，将显示以下消息："Restore succesfully finished. Press ok，remove your storage card and reboot your device."

（8）移除外部存储卡。

（9）确认该消息。HMI 设备启动。

17. 激活存储器管理

通过"OP"图标打开了"OP Properties"对话框的"Memory Monitoring"选项卡，如图 2-83 所示：①为从上次启动 HMI 设备至今所用的最大存储空间；②为目前使用的存储空间百分比；③为激活存储器管理。

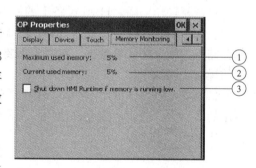

图 2-83 "OP Properties"对话框的"Memory Monitoring"选项卡

激活存储器管理的操作步骤如下。

（1）如果要启用存储器管理，则激活相应的复选框。如果已激活存储器管理，但没有充足的工作存储空间，则会关闭 SIMATIC HMI Runtime 和当前项目。

（2）确认输入，对话框随即关闭。

 ## 2.3 WinCC flexible 与 STEP 7 的集成及创建画面

2.3.1 WinCC flexible 与 STEP 7 的集成

1. 集成项目的限制

限制应用于 STEP 7 或 SIMOTION 中的 WinCC flexible 集成操作如下。

（1）不能使用版本管理。

（2）不能上传。

（3）不能在更改记录中明确识别对 STEP 7 或 SIMOTION 所进行的修改。

2. 转换集成的项目

在集成项目中可以将项目转换为其他 WinCC flexible 版本，在使用转换过的项目时，必须使用集成中包含的已发布程序版本。对于集成项目，应该区分以下两种情况。

（1）集成在 STEP 7 中的 WinCC flexible 项目（带有附加 ProAgent 组件）。

（2）集成在 SIMOTION SCOUT 项目中的 WinCC flexible 项目转换集成在 STEP 7 中的 WinCC flexible 项目。

对于集成在 SIMOTION SCOUT 中的 WinCC flexible 项目，首先必须以所需的产品版本保存外围 SIMOTION 项目。SIMOTION 的目标版本决定了其中包含的 WinCC flexible 项目的有效版本。如果选择没有 HMI 支持的 SIMOTION 项目版本，则会显示一条消息。如果以所需的版本保存 SIMOTION 项目，则会转换其中所包含的 WinCC flexible 项目。WinCC flexible 项目的转换为后台运行，不必为了进行转换而打开 WinCC flexible 中的项目。

在集成模式下转换 WinCC flexible 项目时，软件会检查版本。首先进行 SIMOTION SCOUT 项目的转换，接着进行集成 WinCC flexible 项目的转换。在转换对话框中仅提供针对所选 SIMOTION SCOUT 版本而发布的 WinCC flexible 版本。在非集成模式下转换 WinCC flexible 项目以及从 WinCC flexible 中打开 SIMOTION SCOUT 项目时，必须要检查产品版本。

当转换 WinCC flexible 项目时，其中所包含的 ProAgent 组件也会自动转换。当使用 WinCC flexible 的较新版本打开以前版本的 WinCC flexible 项目时，该项目（包括其中包含的 ProAgent 组件）会转换为较新版本。

当用以前的版本保存 WinCC flexible 项目时，该项目（包括其中所包含的 ProAgent 组件）会转换为所选版本并被保存，原始项目及其中所包含的 ProAgent 组件不会更改。系统会为所选 WinCC flexible 版本自动选择合适的 ProAgent 版本，在当前使用的较高 ProAgent 版本中的新功能不可用于以前的 ProAgent 版本中。

3. 与 STEP 7 集成的基本原理

如果使用的是 SIMATIC PLC，并且已在系统上安装了 STEP 7 组态软件，则可以将 WinCC flexible 与 STEP 7 集成。在集成组态期间，可以访问用 STEP 7 组态 PLC 时所创建的 STEP 7 组态数据，其优点有以下几点。

（1）可以使用 SIMATIC 管理器作为中心点来创建、处理以及管理 SIMATIC PLC 和 WinCC flexible 项目。

（2）当创建 WinCC flexible 项目时，PLC 的通信参数被预分配。当 STEP 7 中发生更改时，将在 WinCC flexible 中更新通信参数。

（3）在 STEP 7 集成期间由系统创建的连接参数：网络参数和 HMI 及 PLC 参数被预先分配，如图 2-84 所示。

（4）在组态变量和区域指针时，可以直接在 WinCC flexible 中访问 STEP 7 符号。在 WinCC flexible 中，只需选择想要链接变量的 STEP 7 符号，STEP 7 中的符号改变会在 WinCC flexible 中更新。

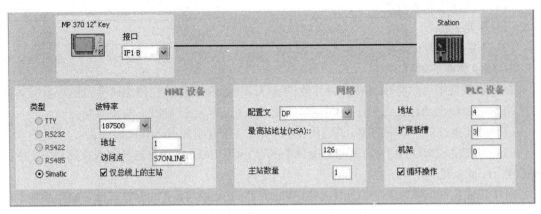

图 2-84　网络参数和 HMI 及 PLC 参数

（5）只需在 STEP 7 中分配一次符号名称，便可以在 STEP 7 和 WinCC flexible 中使用它。

（6）WinCC flexible 支持在 STEP 7 中所组态的 ALARM_S 和 ALARM_D 报警，并可将它们输出到 HMI 设备上。

（7）可以创建一个没有集成在 STEP 7 中的 WinCC flexible 项目，并在以后将此项目集成在 STEP 7 中。

（8）可以从 STEP 7 中移开集成的项目，将其作为单独的项目使用。

（9）在 STEP 7 的多重项目中，可以在项目之间组态通信连接。

在 STEP 7 中集成 WinCC flexible 时，必须先安装 STEP 7 软件，然后安装 WinCC flexible。在安装 WinCC flexible 时，检测到现有的 STEP 7 安装，从而自动安装集成到 STEP 7 中的支持选项。

对于用户自定义安装，则必须激活"与 STEP 7 集成"选项。如果已经安装了 WinCC flexible，随后又安装了 STEP 7，则必须卸载 WinCC flexible，并在 STEP 7 安装完成后重新安装。

4. 使用 SIMATIC 管理器

在 WinCC flexible 集成到 STEP 7 中时，可以将 SIMATIC 管理器用于 WinCC flexible 项目。在 STEP 7 项目中，SIMATIC 管理器是管理项目（包括 WinCC flexible 项目）的关键。使用 SIMATIC 管理器可以访问自动化系统的组态以及操作员控制和监控层的组态（WinCC flexible 已集成到 SIMATIC STEP 7 中）。在集成的项目中，SIMATIC 管理器提供下列选项。

（1）使用 WinCC flexible 运行系统创建一个 HMI 或 PC 站。

（2）插入 WinCC flexible 对象。

（3）创建 WinCC flexible 文件夹。

（4）打开 WinCC flexible 项目。

（5）编译和传送 WinCC flexible 项目。

（6）导出和导入要翻译的文本。

（7）指定语言设置。

（8）复制或移动 WinCC flexible 项目。

（9）在 STEP 7 项目框架内归档和检索 WinCC flexible 项目。

5. 使用 HW Config

STEP 7 中提供了 HW Config 编辑器，可用于为硬件组态和分配参数。并可使用拖放操作来装配所需要的硬件，还提供了一个目录，用于选择硬件组件。在组态期间，将自动创建一个包含地址参数的组态表。随后，在 STEP 7 或 WinCC flexible 中进行编辑时，系统将访问此组态表并接受已设置好的参数。

使用 HW Config 可为新站创建硬件配置或为现有站添加所需要的模块，HW Config 提供了一个目录，其中包含可用的模块和预组态的组件和站。HW Config 将检查希望插入对象的可用性（如无法插入不可用或非法的对象）。可直接在 HW Config 中编辑插入对象的属性，打开该对象的右键快捷菜单，然后选择"对象属性"，直接在显示的对话框中编辑对象属性。

例如，可以在 SIMATIC 管理器中创建一个 PC 站，在 HW Config 中打开待组态的站。插入 WinCC flexible 运行系统应用程序，选择通信接口并将其插入。在 HW Config 中，编辑通信接口设置。WinCC flexible 运行系统应用程序将不会通过 HW Config 来打开，要打开该程序，应使用 SIMATIC 管理器。

6. 组态连接

WinCC flexible 与自动化层之间的数据交换需要建立通信连接才能进行，在集成的项目中，可以创建与以下应用程序的连接。

（1）WinCC flexible。

（2）NetPro。

此组态可使用 WinCC flexible 或 NetPro 进行，可以创建新的连接或编辑现有的连接。在集成的项目中，编辑器中还包含"站"、"连接对象"和"节点"等项以用于连接组态。

创建连接时，从选择列表中选择站、连接对象和连接节点，如图 2-85 所示，在 STEP7 中会自动接受所需的连接参数。组态完成后，必须保存项目。在 WinCC flexible 中组态的连接将不会传送给 NetPro，且只能使用 WinCC flexible 进行编辑。

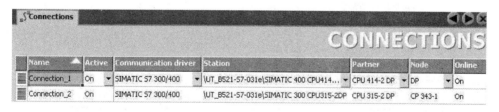

图 2-85　选择列表

对于较大的项目，应使用 NetPro。在 NetPro 中，在支持图形的界面上组态连接。启动 NetPro 时，将显示 STEP 7 项目中的设备和子网。NetPro 具有一个网络对象目录，可用来插入附加设备或子网。在集成的项目中，该目录还包含 SIMATIC HMI 站对象。使用拖放操作将对象从目录插入 NetPro 的工作区域中，拖放各个站，以将它们连接到子网。使用"属性"对话框组态节点和子网的连接参数，然后在 NetPro 中保存组态，以便更新 WinCC flexible 项目中的数据管理。使用 NetPro 所组态的连接只能在 WinCC flexible 中读取，在 WinCC flexible 中，只能对连接进行重新命名、输入连接的注释及将连接设置为"在线"，对连接本身进行编辑只能使用 NetPro 来进行。

在 STEP 7 中，将自动为子网中的所有节点设置子网属性（如数据传输率），如果要自行创建或修改子网属性，则必须确保这些设置适用于子网中的每个节点，可以在 NetPro 文档中找到关于该主题的更多信息。

如果在 STEP 7 中建立了一个新的 HMI 站，则系统会将 MPI/DP 节点设置为 MPI 和地址 1。如果 HMI 站没有联网，且 HMI 站应通过不同的子站类型进行联网，则必须在 NetPro 或 HW 组态中修改连接参数。

7. 使用对象

执行以下步骤来创建集成的 WinCC flexible 项目。

（1）在 SIMATIC 管理器中创建新的 HMI 站。在 SIMATIC 管理器中创建 HMI 站实质上就是创建新的 WinCC flexible 项目，如果 WinCC flexible 项目中需要多个 HMI 设备，则必须在 WinCC flexible 的项目中插入这些 HMI 设备。

（2）在 STEP 7 中集成 WinCC flexible 项目。WinCC flexible 项目集成到 STEP 7 中之后，该项目将显示在 SIMATIC 管理器的项目窗口中。

WinCC flexible 项目在 SIMATIC 管理器项目窗口中的显示方式与在 WinCC flexible 项目窗口中的显示方式相同。如果在项目窗口中选择一个 WinCC flexible 元素，WinCC flexible 项目的对象便显示在工作区域中，如图 2-86 所示。在此处，可以打开现有的项目或创建新项目。如果在 SIMATIC 管理器中创建或打开某个 WinCC flexible 对象，WinCC flexible 将自动启动以便编辑该对象。

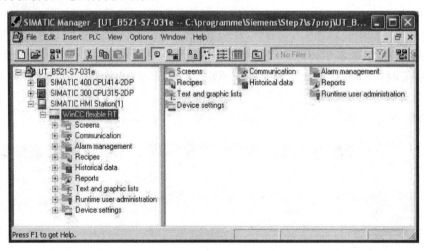

图 2-86　WinCC fiexible 项目的对象

例如，选择"画面"元素并直接在 SIMATIC 管理器中创建 WinCC flexible 画面。新画面将被创建并立即打开，以便在 WinCC flexible 中进行编辑。或者创建更改记录，项目的所有更改均记录在一个连续表中，无法在更改记录中明确识别对 STEP 7 所进行的修改。

能否对集成项目进行改动取决于所登录的 Windows 用户的权限，至少需要有写入访问权限。如果 Windows 用户以只读访问方式打开某集成项目，则该用户无法对此项目做任何更改。

在 WinCC flexible 中使用表编辑器编辑的数据在 SIMATIC 管理器中以符号形式显示，通过 SIMATIC 管理器打开此类符号将会打开 WinCC flexible 以编辑数据。例如，如果选择"变量"元素，SIMATIC 管理器的工作区域中将显示一个代表所有 WinCC flexible 变量的符号。而各个 WinCC flexible 变量不会显示在 SIMATIC 管理器中，如果在 SIMATIC 管理器中创建一个新变量，该变量将在 WinCC flexible 中创建并打开以便在 WinCC flexible 中进行编辑。

如果更改 STEP 7 数据块的名称，在 WinCC flexible 的对象列表中可能会显示旧名称。为了确保在对象列表中显示 STEP 7 数据块的新名称，应在集成到 STEP 7 内的 WinCC flexible 项目中重新打开该列表。

在 SIMATIC 管理器中对集成的 WinCC flexible 项目重命名仅是临时性质，当在 WinCC flexible 中打开并重命名项目后，如果在关闭该项目之前没有进行保存，则更改将会丢失。

8. 转换集成项目

（1）转换集成在 STEP 7 中的 WinCC flexible 项目。集成于 STEP 7 中的 WinCC flexible 项目可以保存为不同的 WinCC flexible 产品版本，当在一个不同产品版本中保存项目时，项目会被转换。与非集成项目相比，集成项目要遵守许多特性。如果某 WinCC flexible 项目集成于 STEP 7 中，则该项目即成为 STEP 7 项目的一个集成部分。WinCC flexible 项目的转换在 WinCC flexible 中执行，在转换过程期间，仅转换 WinCC flexible 项目，外围的 STEP 7 项目保持不变。如果希望转换集成于 STEP 7 中的项目，则必须安装 STEP 7，且其中集成了相应的 WinCC flexible 版本。

实例：使用 WinCC flexible 2005 SP1 创建了一个集成于 STEP 7 中的项目，并且将其保存为 WinCC flexible 2004 SP1 版本。要在此版本中编辑该项目，需要集成在 STEP 7 中的 WinCC flexible 2004 SP1，此 STEP 7 版本对这两个 WinCC flexible 版本均适用。STEP 7 可用于 V5.3 SP2 及更高版本，如果使用更新的版本，应遵守有关所支持的 WinCC flexible 版本方面的信息。

不能在 STEP 7 安装中集成 WinCC flexible 的多个版本，对于每个 WinCC flexible 版本，需要准备一台装有 STEP 7 的 PC。有关如何将 STEP 7 项目传送到另外一台 PC 的信息，应参考 STEP 7 文档。

如果一个 STEP 7 项目包含几个 WinCC flexible 项目，则其中的每一个项目都要单独进行转换。在 WinCC flexible 项目的转换期间，其中包含的所有 HMI 设备的数据均要进行转换。如果一个 WinCC flexible 项目包含几台 HMI 设备，则它们会在 STEP 7 的项目窗口中以单个 HMI 站的形式显示，如图 2-87所示。

图 2-87 STEP 7 项目窗口

因此，包含几台 HMI 设备的单个 WinCC flexible 项目的转换可能会影响在 STEP 7 中显示的那几台 HMI 设备。对于转换过的项目，有效的 WinCC flexible 版本会被写到受影响的 HMI 设备的属性中。要显示属性，应打开 HMI 设备的快捷菜单，然后选择菜单命令"属性"（Properties）。在条目"设备"之后会显示所使用的 HMI。可以在圆括号中找到 HMI 设备的版本，在逗号之后找到有效的 WinCC flexible 版本，例如，"MP 37012"Key（7.1.0.0，2005）。未转换的 HMI 站不会显示 WinCC flexible 版本。

如果在当前的版本环境中重新打开一个已经转换过的 WinCC flexible 项目，将打开用于重新转换为当前版本的对话框。在转换多个 WinCC flexible 项目时，应确保将所有项目均转换到同一版本。

如果在 STEP 7 或 NetPro 中复制了一个 HMI 设备，而该设备不是以 WinCC flexible 的当前版本创建的，那么必须转换项目，系统会要求用户确认项目的转换。用户无法复制未转换到当前版本项目的运行系统，运行系统不在用户所启动的复制操作范围之内。因此，HMI 设备的此次复制是不完整的，必须删除。

要编辑转换后的项目，需要使用转换时所选择的 WinCC flexible 版本。必须安装指定版本中的服务包，还应注意系统要求和操作系统所需的服务包。有关系统要求方面的信息，可在相应版本的 WinCC flexible 或 STEP 7 文档中找到。对于无效 HMI 设备，应检查硬件支持包对于相应版本的 WinCC flexible 是否可用。

（2）将集成项目转换到当前的 WinCC flexible 版本。如果使用较新的 WinCC flexible 版本打开先前版本中的集成 WinCC flexible 项目，则会自动转换该项目。在转换开始之前，系统会要求进行确认如下。

1）必须有一个 STEP 7 项目，其中集成了一个先前版本的 WinCC flexible 项目。

2）必须安装 STEP 7 及较新版本的 WinCC flexible。

3）外围的 STEP 7 项目必须在 SIMATIC 管理器中打开。

将集成项目转换到当前的 WinCC flexible 版本的操作步骤如下。

1）在 SIMATIC 管理器的项目窗口中，打开 WinCC flexible 项目的项目节点，然后选择"WinCC flexible RT"条目。

2）打开快捷菜单并选择"打开对象"命令，WinCC flexible 即会启动。将打开一个对话框，提示即将进行转换。

3）要开始转换，应单击"确定"（OK）以确认此提示对话框。开始进行将此项目转换为 WinCC flexible 的当前版本的过程。

4）如果单击"取消"（Cancel），则此过程被取消且项目不会打开。

系统将此集成 WinCC flexible 项目转换完毕后，可在 WinCC flexible 的当前版本中对其进行编辑。由于在 WinCC flexible 的目标版本中同样可以找到的功能已完全转换，因此已没有必要对此进行后期组态。目标版本所不支持的功能在转换之后已不可用，因此仍有必要对此进行后期组态。

（3）将集成项目转换到 WinCC flexible 的先前版本。将当前版本的集成 WinCC flexible 项目保存为 WinCC flexible 的先前版本，在转换开始之前，系统会要求进行确认如下。

1）必须有一个 STEP 7 项目，其中集成了一个 WinCC flexible 的当前版本的 WinCC flexible 项目。

2）必须安装 STEP 7 和一个当前的 WinCC flexible 版本。

3）外围的 STEP 7 项目必须在 SIMATIC 管理器中打开。

将集成项目转换到 WinCC flexible 的先前版本的操作步骤如下。

1）在 SIMATIC 管理器的项目窗口中打开 WinCC flexible 项目的项目节点，然后选择"WinCC flexible RT"条目。

2）打开快捷菜单并选择"打开对象"命令，项目将在 WinCC flexible 中打开。

3）在 WinCC flexible 中，选择菜单命令"项目-〉另存为版本"，会显示一个包含转换注意事项的对话框。

4）在此对话框中，在下拉列表框"另存为版本"中选择所需的 WinCC flexible 版本。

5) 要开始转换，应在对话框中单击"确定"。开始前将此项目转换到所选的 WinCC flex ible 版本的过程。

6) 如果单击"取消"，则此过程被取消且项目不会进行转换。

系统将此集成 WinCC flexible 项目转换完毕后，可以在所选的 WinCC flexible 版本中对其进行编辑。由于在 WinCC flexible 的目标版本中同样可以找到的功能已完全转换，因此已没有必要对此进行后期组态。目标版本所不支持的功能在转换之后已不可用，因此仍有必要对此进行后期组态。

如果 HMI 设备不能用于 WinCC flexible 的先前版本，则会显示"设备选择"对话框，WinCC flexible 的先前版本不支持 WinCC flexible 当前较高版本的新功能。

9. 在 PC 站中集成 WinCC flexible

SIMATIC PC 站是一台 PC 或一个 OS 站，其中包含用于执行自动化任务的 SIMATIC 组件（例如，WinCC flexible 运行系统和插槽 PLC 或软件 PLC）。WinCC flexible 运行系统可以作为 HMI 软件在 PC 站中进行集成和组态，STEP 7 中提供了 HW Config 编辑器，用于组态 PC 站。

(1) 组态 PC 站。WinCC flexible 中提供了预组态的 PC 站，要组态新的 PC 站，将 SIMATIC HMI 站插入 STEP 7 项目中，并选择"PC-> WinCC flexible RT"作为 HMI 设备。系统将创建一个 SIMATIC HMI 站，为"PC"类型的操作员设备。PC 站的附加组态设置（如添加插槽 PLC 或软 PLC）将使用 HW Config 来完成。在集成的项目中，会扩展 HW Config 目录，以便能够使用拖放操作在 PC 组态中插入所有需要的组件，如图 2-88 所示。

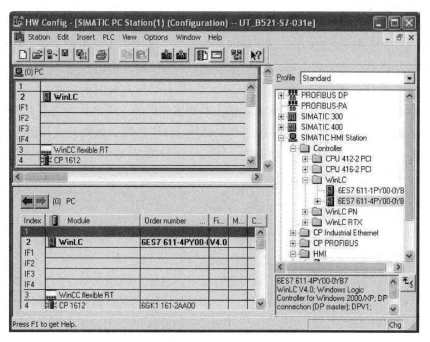

图 2-88　HW Config 界面

(2) 内部通信和外部通信。在 PC 站中，WinCC flexible RT 和 PLC 设备之间的内部通信通过软总线进行，在 WinCC flexible 中组态软总线的内部连接，与软总线的连接是自动完成的。只需在连接的"站"（Station）列中选择 PLC 设备，与外部自动化设备的通信通过 PLC 设备的集成接口或使用 HW Config 插入的独立通信模块进行，如图 2-89 所示。

通信由站管理器管理，要启用站管理器的管理功能，必须在 PC 站属性中设置 S7RTM 标记。在目标站上必须安装有 SIMATIC NET 软件的授权版本，可以在 SIMATIC NET 文档中找到关于该主题的更多信息。

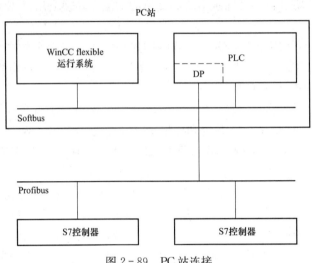

图 2-89 PC 站连接

（3）组态通信设置。

1）通过路由组态通信设置。如果自动化系统中的所有站未连接至同一总线（子网），则不能直接在线访问这些站。要建立与这些设备的连接，必须插入路由器。在这种情况下，如果 SIMATIC 站具有合适的多个接口可以连接到不同的子网，也可以用作路由器。用于在子网之间建立网关的具有通信能力的模块（CPU 或 CP）必须具有路由功能。

路由路径在运行系统中由系统确定，并且不受用户影响。因此，在组态期间，不能输出任何有关错误连接的信息。此路由路径内部的路由 HMI 可能会妨碍此连接的正常运行，通常，HMI 设备不能用作路由器。此处的一个例外是设置了 S7 RTM 标记的 PC（需要 SIMATIC NET 软件）。

2）路由连接。要创建路由连接，必须组态所有通信伙伴并装载到 STEP 7 项目中，具有路由连接的硬件组态如图 2-90 所示。

在图 2-90 中，在 SIMATIC HMI 站（1）和 SIMATIC 300 自动化设备之间建立了路由连接，SIMATIC 400 自动化设备充当路由器。SIMATIC HMI 站和自动化设备之间的路由连接只能在集成的项目中创建，在集成的项目中，这种类型的路由连接可直接建立。方法是在 SIMATIC HMI 站中设置连接并直接选择 SIMATIC 300 自动化设备作为连接对象，路由连接由系统自动检测，该连接在 WinCC flexible 的连接属性中显示为路由连接。

3）通过 S7 路由传送项目。WinCC flexible 支持将 WinCC flexible 项目从组态计算机下载到不同子网中的 HMI 设备上。要建立不同子网间的连接，必须插入路由器。在这种情况下，如果 SIMATIC 站具有合适的可以连接到不同子网的接口，则可以用作路由器。用于在子网之间建立网关的具有通信能力的模块（CPU 或 CP）必须具有路由功能。

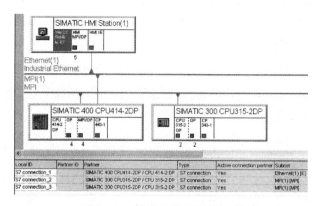

图 2-90　路由连接的硬件组态

要传送项目，必须将 WinCC flexible 工程站连接到 MPI 总线或 PROFIBUS 上。还必须将要接收传送项目的 HMI 设备也连接到 MPI 总线或 PROFIBUS 上。用于传送的路由连接与 WinCC flexible 项目中的 HMI 设备和自动化设备之间的连接组态无关。OP 73、OP 73micro、OP 77A、TP 177A 和 TP 177micro HMI 设备不支持用于传送项目的 S7 路由。

4）传送操作的路由连接。要创建路由连接，必须组态所有站并将它们装载到 STEP 7 项目中，不能通过路由连接初始化目标设备。用于传送操作的路由连接如图 2-91 所示。

在图 2-91 中，在"WinCC flexible ES"中的 WinCC flexible 工程站和"操作员面板 8 - OP 77B"HMI 设备之间建立了路由连接。"SIMATIC 300 - Station 1"自动化设备充当路由器。使用 NetPro 组态相关设备之间的传送连接。必须分配组态计算机的接口，用于子网的连线和站符号中的箭头指示这种关联。完成在 NetPro 组态后，保存并重新编译项目。也可基于多个路由伙伴建立实现传送功能的路由连接，通过多个站路由的连接如图 2-92 所示。通过多个站路由的要求为：①必须将 WinCC flexible 工程站连接到 MPI 总线或 PROFI-BUS 上；②必须将传送操作所涉及的 HMI 设备连接到 MPI 总线或 PROFIBUS。

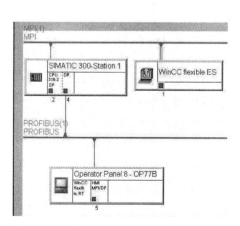

图 2-91　用于传送操作的路由连接

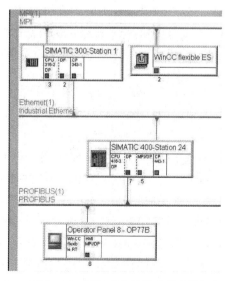

图 2-92　通过多个站路由的连接

5）在 WinCC flexible 中启动传送。完成 STEP 7 中的组态后，在 WinCC flexible 中打开 HMI 站。要触发传送，应选择"项目"-〉"传送"-〉"传送设置"菜单命令。传送设置界面如图 2-93 所示。

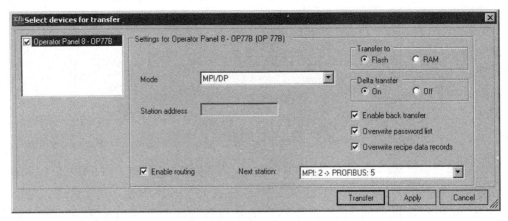

图 2-93 传送设置界面

必须在"模式"域中设置"MPI/DP"，必须选中"启用路由"框。"下一个站"域中显示下一个和最后一个连接的总线类型，以及下一个路由伙伴和目标设备的网络地址。此处不会显示任何潜在的中间路由伙伴。如果单击"传送"按钮，会立即开始传送。

仅当在"模式"下将总线类型设为"MPI/DP"时，该路由设置才可用。如果未显示路由设置，系统将无法识别持久的路由连接。检查相关站的设置和网络地址，组态的参数必须与系统中的站组态相匹配。只能在集成的项目中建立实现传送功能的路由连接，无法通过路由传送到激活了站管理器的基于 PC 的 HMI 设备。

10. 变量组态

（1）使用变量编辑器组态变量。为了简化编辑，STEP 7 中操作数的绝对地址带有符号名（符号），这些符号及其关联均在符号表中列出。在集成项目中，WinCC flexible 变量直接与 STEP 7 项目中的符号相连，相关操作数是自动获取的。通过符号选择还可以启用对数据块（DB）中符号的直接访问，为了重新链接用于直接访问 DB 的变量，应在"重新布线"对话框中双击图标以在 STEP 7 中直接打开该 DB，在打开的 DB 中修改变量连接。

1）从 STEP 7 中获取变量。要从 STEP 7 中获取变量，应在 WinCC flexible 中打开变量编辑器。在集成项目中，"符号"列被添加到变量编辑器中。在变量编辑器中插入新的变量，将鼠标指针放置在符号列中的域上，并单击以显示选择按钮。按下选择按钮以打开"选择"对话框，浏览至所需 PLC 中的 S7 程序，从符号表或数据块中选择所需要的符号。

单击☑命令按钮，来自 STEP 7 的符号名将作为变量名称被接受，来自符号表或数据块的相关数据将被集成到 WinCC flexible 变量中。

从 STEP 7 传到 WinCC flexible 项目中的变量名称是在常规 STEP 7 符号的组件中生成的，例如，变量名称"Motor.Speed"来自"Motor.Speed"。为了获得唯一的标识，为相同变量分配从"1"开始的下标。变量名称中不被支持的字符将由下划线（"_"）替换。

2）从 STEP 7 传送数组。如果使用 SIMATIC S7 300、SIMATIC S7 400 或 SIMOTION PLC，则除了变量以外，还可以从 STEP 7 接受完整的数组。如果使用 SIMATIC 300/400

控制协议并想要在 WinCC flexible 中接受数组，应按照以下步骤操作。①在 WinCC flexible 中创建新的变量；②定位鼠标指针并在该变量的"符号"域中单击；按下显示的按钮以打开选择对话框；③浏览至所需要的 PLC，并选择想要接受的数组，与数组元素数目相对应的变量组将会被创建。

3）改变连接。在对连接作出改变时（如通过改变节点、程序或站），变量的符号关联不会丢失，变量关联将自动重新分配给 STEP 7 符号。如果因为地址或符号不存在而不能再分配变量，可以进行以下选择：①保存关联，变量将被标记为不完全，以上变量必须由人工连接；②将变量与符号分离，此变量不能再自动与 STEP 7 符号对比。

（2）通过应用点来连接变量。通过应用点来连接变量只需通过选择所连接的 PLC 中的符号，即可组态 WinCC flexible 对象与控制层中操作数之间的连接。

1）从 STEP 7 中获取变量。所有可连接至变量的 WinCC flexible 对象均可用于通过应用点来接受变量。例如，制作一个动态 IO 域时，在 IO 域的属性窗口中打开变量选择对话框。在所需 PLC 中浏览 S7 程序。

从符号表或数据块中选择所需要的符号，单击☑命令按钮。系统将自动创建 WinCC flexible 变量，并将其连接至 STEP 7 中关联的操作数。

来自 STEP 7 的符号名将作为变量名称被接受，来自符号表或数据块的相关数据将被集成到 WinCC flexible 变量中。

从 STEP 7 传到 WinCC flexible 项目的变量名称是在常规 STEP 7 符号的组件中生成的。例如，变量名称"Motor_Speed"来自于"Motor.Speed"。为了获得唯一的标识，为相同变量分配从"1"开始的下标。变量名称中不被支持的字符将由下划线（"_"）替换。

2）改变连接。在对连接作出改变时（如通过改变节点、程序或站），变量的符号关联不会丢失。变量关联被自动重新分配给 STEP 7 符号。如果因为地址或符号不存在而不能再分配变量，可以进行以下选择：①保存关联，变量将被标记为不完全，以上变量必须由人工连接；②将变量与符号分离，此变量不能再自动与 STEP 7 符号对比。

11. 组态报警

（1）在 SIMATIC STEP 7 中组态。ALARM_S 和 ALARM_D 为报警编号程序，在 STEP 7 组态期间将自动分配报警编号，这些编号用于唯一地分配报警消息。

在 STEP 7 中组态报警期间，所存储的报警和属性均位于 STEP 7 组态数据中，WinCC flexible 自动导入所需要的数据并在以后将它们传送到 HMI 设备。

通过显示等级来过滤 WinCC flexible 中 ALARM_S 报警的输出，在项目视图中，选择"报警"->"设置"，然后双击"报警设置"，现有的连接将显示在"报警过程"区域中。

在所需连接的行中，选择"ALARM_S 显示等级"列中的域，并通过按下选择按钮打开选择对话框。选择所需的显示等级。通过按下☑按钮关闭选择对话框。

在链接的"SFM 报警"列中，指定是否应显示系统错误。在 WinCC flexible 中，ALARM_S 报警的最大数量为 32767。而实际上，可组态的报警的最大数量受 HMI 设备中可用内存容量的限制。

（2）报警类别标识。在 STEP 7 中，将 ALARM_S 和 ALARM_D 报警分配到特定的报警类别中，要编辑这些报警类别的显示选项，应在 WinCC flexible 项目窗口中选择"报警"->"设置"->"报警类别"。打开快捷菜单并选择"打开编辑器"命令。通过报警类别名称中的 S7 前缀，可以识别报警类别。使用"报警类别"编辑器组态报警类别的显示选项。

（3）实现 SIMOTION 的 Alarm_S 报警。Alarm_S 报警也可用于 SIMOTION 中。使用"报警组态"编辑器在 SIMOTION SCOUT 中组态 Alarm_S 报警。WinCC flexible 按照与 STEP 7 的 Alarm_S 报警相似的处理方式来处理 SIMOTION 的 Alarm_S 报警。

通过显示等级来过滤 WinCC flexible 中 ALARM_S 报警的输出。在项目视图中，选择"报警"-〉"设置"，然后双击"报警设置"。现有的连接将显示在"报警程序"区域中。

从"ALARM_S 显示等级"列以及其中包含与 SIMOTION 设备的连接的行中选择域。通过按下选择按钮打开选择对话框。选择所需的显示等级，通过按下按钮关闭选择对话框。转到连接的"TO 报警"列，并定义是否显示 SIMOTION 的过程报警，按照与 STEP 7 Alarm_S 报警的报警等级相似的组态方式来组态报警等级的表现形式。

2.3.2 创建画面（WinCC flexible）

1. 画面的基本概念

（1）画面是项目的主要元素，通过它们可以操作和监视系统，是真正实现人机交互的桥梁。

（2）人机界面用可视化的画面对象来反映实际的工业生产过程，也可以在画面中修改工业现场的过程设定值。

2. 创建一个新画面

创建一个新画面的具体步骤如下。

（1）在打开的项目窗口中，从左侧的"项目视图"中选择"画面"组。

（2）双击快捷菜单中的"新建画面"，画面在项目中生成并出现在项目窗口中间的工作区域，画面属性显示在下方的"属性视图"中，如图 2-94 所示。

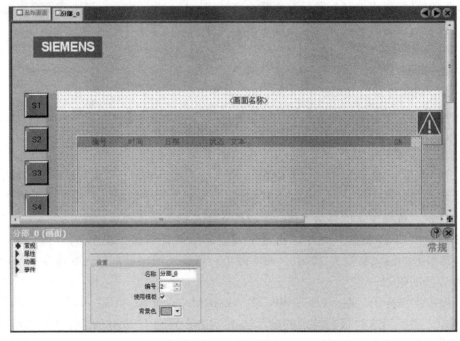

图 2-94 新建画面

（3）可以根据需要在如图 2-95 所示的"属性视图"中自定义画面，在"常规"组中，可以更改画面的名称，选择画面是否使用模板，设置画面的"背景色"和"编号"；在"属性"组中，选择"层"来定义可见层，选择"帮助"，以存储记录的操作员注释；在"动画"组中，选择动态画面更新；在"事件"组中，定义调用和退出画面时要在运行系统中执行哪些功能。此外，还有两种方法可以创建一个新画面：

图 2-95　属性视图

1）点击工具栏中"新建"右侧的下箭头，在弹出的快捷菜单中选择"画面"，将生成一个新画面并出现在项目窗口中间的工作区域，其属性设置如前所述。

2）在打开的项目窗口左侧的"项目视图"中选择"设备设置"组，从快捷菜单中双击"画面浏览"，将弹出如图 2-96 所示的画面浏览编辑窗口，右键点击某一个画面，在弹出的快捷菜单中选择"新画面"，可以很简单的为该画面创建一个子画面，其属性设置如前所述。

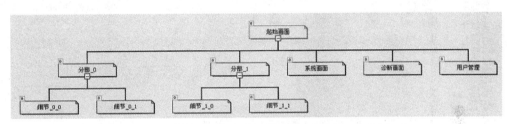

图 2-96　画面浏览编辑窗口

3. 组态画面对象

1）画面对象的概念。WinCC flexible 运行系统提供了一系列画面对象用于操作和监视，主要包括：开关和按钮；域；矢量对象；面板；库等；

2）画面对象的分类。画面对象可以分为以下两类：①静态对象，静态对象（如文本或图形对象）用于静态显示，在运行时它们的状态不会变化，不需要变量与之连接，它们不能由 PLC 更新；②动态对象，动态对象的状态受变量的控制，需要设置与它连接的变量，用图形、字符、数字趋势图和棒图等画面对象来显示 PLC 或 HMI 设备存储器中变量的当前状态或当前值，PLC 和 HMI 设备通过变量和动态对象交换过程值和操作员的输入数据。

（1）变量的生成与组态。

1）变量的作用。动态对象的状态受变量控制，动态对象与变量连接之后，可以用图形、字符、数字趋势图和棒图等形象的画面对象，来显示 PLC 或 HMI 设备存储器中变量的当前状态或当前值，用户也可以实时监视和修改这些变量。因此，画面对象与变量密切相关。

2）变量的分类。每个变量都有一个符号名和数据类型，变量（Tag）分为两类：①外部变量，外部变量是操作单元（人机界面）与 PLC 进行数据交换的桥梁，是 PLC 中定义的存储单元的映像，其值随 PLC 程序的执行而改变，可以在 HMI 设备和 PLC 中访问外部变量；②内部变量，内部变量存储在 HMI 设备的存储器中，与 PLC 没有连接关系，只有 HMI 设备能访问内部变量。内部变量用于 HM1 设备内部的计算或执行其他任务，内部变量用名称来区分，没有地址。

变量编辑器用来创建和编辑变量，在打开的项目窗口中，双击左侧"项目视图"中"通信"组下方的"变量"图标，在工作区域将打开如图 2-97 所示的变量编辑器。所打开项目中所有的变量将显示在该编辑器中，编辑器的表格中包括变量的属性：名称、连接、数据类型、地址、数组计数、采集周期和注释，如图 2-98 所示。可以在变量编辑器的表格中或在表格下方的属性视图中编辑变量的属性。用鼠标左键双击编辑器中变量表格最下方的空白行，将会自动生成一个新的变量，变量的参数与上一行变量的参数基本相同，其名称和地址与上面一行的地址和变量按顺序排列。例如，原来最后一行的变量名称为"变量_5"，地址为 VW8 时，新生成的变量的名称为"变量_6"，地址为 VW10。点击变量表格中的"连接"列单元中右侧出现的下箭头，可以选择"连接_1"（控制器的名称，表示变量来自 PLC 存储

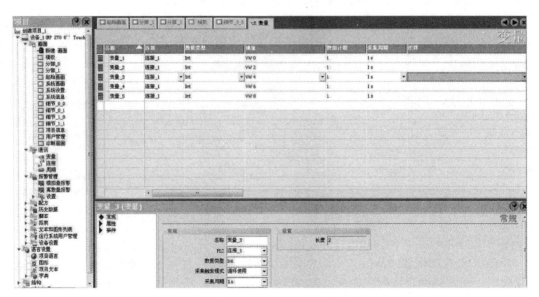

图 2-97　变量编辑图

名称	连接	数据类型	地址	数组计数	采
变量_1	连接_1	Int	VW 0	1	1s
变量_2	连接_1	Int	VW 2	1	1s
变量_3	连接_1	Int	VW 4	1	1s
变量_4	连接_1	Int	VW 6	1	1s
变量_S	连接_1	Int	VW 8	1	1s
变量_6	连接_1	Int	VW 10	1	1s

图 2-98　编辑器表格

器）或"内部变量"（变量来自 HMI 设备存储器）；点击变量表的"数据类型"列单元，可在弹出的选择框中选择变量的数据类型，可供选择的数据类型随所选的连接类型不同而稍微有所不同；用相同的方法可以组态变量的其他属性。

在工作区域下方的属性视图的"常规"组和"属性"组中也可以组态变量的这些属性，在"事件"组中还可以设置变量所触发的事件，例如，变量值的上下限触发报警事件，属性视图如图 2-99 所示。

图 2-99　属性视图

（2）域的生成与组态。

1）域的分类。"域"包括以下几种：①文本域，用于输入一行或多行文本，可以自定义字体和字的颜色，还可以为文本域添加背景色或样式；②I/O 域，用来输入并显示过程值；③日期/时间域，显示了系统时间和系统日期，"日期/时间域"的布局取决于 HMI 设备中设置的语言；④图形 I/O 域，可用于组态图形文件的显示和选择列表；⑤符号 I/O 域，用来组态运行时用于显示和选择文本的选择列表，这些不同类型的"域"均可以自定义位置、几何形状、样式、颜色和字体等，它们的生成与组态方法也基本类似。

2）域的生成。有两种方法可以生成一个"域"：①用鼠标左键单击项目窗口右侧工具箱的"简单对象"组中的某一个"域"，鼠标移动到画面编辑窗口时变为"＋"符号，在画面上需要生成域的区域再次单击鼠标左键，即可在该位置生成一个"域"；②用鼠标左键点击右侧工具箱的"简单对象"组中的某个"域"并按住左键不放，将其拖放到中间画面编辑窗口中画面上的合适位置，即可生成一个所需要生成的"域"。

3）域的组态。所需要的"域"生成之后，点击该"域"，在工作区域下方将出现该"域"的属性视图。在属性视图的"常规"、"属性"、"动画"、"事件"组中，即可根据需要详细组态该"域"的属性，包括"域"的变量、外观、文本样式、功能等。

（3）开关的生成与组态。

1）开关的概念。"开关"对象用于组态开关，以便在运行期间在两种预定义的状态之间进行切换，可通过标签或图形符号将"开关"对象的当前状态可视化。

2）开关的生成与组态。"开关"的生成与"域"的生成类似，其组态也是在工作区域下方的属性视图进行。如图 2-100 所示，在属性视图中"常规"组的"设置"区域可以设置开关的格式。有三种开关格式可供选择：①切换，"开关"的两种状态均按开关的形式显示，如图 2-101 所示，开关的位置指示当前状态，在运行期间通过滑动开关来改变状态；②带有文本的开关，该开关显示为一个按钮，其当前状态通过文本标签显示，在运行期间单击相应按钮即可启动开关；③带有图形的开关，该开关显示为一个按钮，其当前状态通过图形显

图 2-100 属性视图

示，在运行期间单击相应按钮即可启动开关，"开关"格式选择
完毕后，在属性视图中的"常规"组中还可以详细组态该开关
的其他属性，如开关的变量、外观、文本格式、功能等，可以
设置"切换开关"和"带文本开关"的"打开"状态的文本以
及"关闭"状态的文本，设置"带图形开关"的"打开"状态

图 2-101 按开关形式

的图形和"关闭"状态的图形。在属性视图中的"属性"组中还可以组态该开关的外观、布
局、文本格式、安全等；在"动画"组中，可以组态该开关的移动方向、可见性等；在"事
件"组中，可以组态该开关所触发和激活的事件。

（4）按钮的生成与组态。"按钮"是 HMI 设备屏幕上的虚拟键，具有一项或多项功
能。"按钮"与接在 PLC 输入端的物理按钮的功能相同，主要用来给 PLC 提供开关量输
入信号，通过 PLC 的用户程序来控制生产过程。"按钮"的生成与"域"、"开关"等对象
的生成类似，其组态也是在下方的属性视图进行设置。在属性视图中"常规"组的"按
钮模式"区域可以选择"按钮"类型，在右侧区域可以指定按钮的显示样式。有三种按
钮模式可供选择：

a. 隐藏，该按钮在运行期间处于隐藏状态，不可见。

b. 文本，该按钮的当前状态通过文本标签显示；文本显示样式有两种：①"文本"，利
用"关状态文本"，可指定在按钮处于"关闭"状态时显示的文本，如果启用"开状态文
本"，则可为"打开"状态输入文本；②"文本列表"："按钮"的文本取决于状态，根据具
体状态显示文本列表中的相应条目。

c. 图形，该按钮的当前状态通过图形显示。图形显示样式也有两种：①"图形"：利用
"关状态图形"，可指定在按钮处于"关闭"状态时显示的图形，如果启用"开状态图形"，
则可为"打开"状态输入图形；②"图形列表"："按钮"的图形取决于状态，根据具体状态
显示图形列表中的相应条目。此外，与"开关"和"域"类似，在属性视图的"属性"、"动
画"和"事件"组中设置"按钮"的外观、文本样式、功能等。

（5）矢量对象的生成与组态。矢量对象包括以下几个方面：①简单图形对象：线、圆、
椭圆、矩形、多边形等；②复杂图形对象：棒图等。矢量对象生成也与"域"、"开关"、"按
钮"的生成类似，在属性视图也可以详细设置其属性。简单图形对象可以在属性视图的"属
性"和"动画"组中，设置对象的外观、布局、样式、动作等，其设置较为简单。
图 2-102所示"棒图"对象可用来以图形形式显示过程值，棒图可划分刻度范围。在
图 2-103所示的属性视图"常规"组中的"刻度"区域，可以设置棒图的最大值和最小值，

设置最大值、最小值和过程值所连接的变量；在"属性"组中，可以设置棒图的外观、布局以及刻度等；在"动画"组中，可以设置棒图的动作、可见性等。

图 2-102

图 2-103 属性视图

（6）面板的生成与组态。面板是从现有画面对象编译的对象，面板具有下列优点：①集中修改；②在其他项目中重复使用；③缩短组态时间。可在面板设计器中创建和编辑面板，创建的面板将被添加到"项目库"中，可以像其他对象那样插入到画面中。点击菜单栏的"面板"，在弹出的快捷菜单中选择"创建面板"，可以在项目窗口中间的工作区域打开如图 2-104 所示的面板设计器。

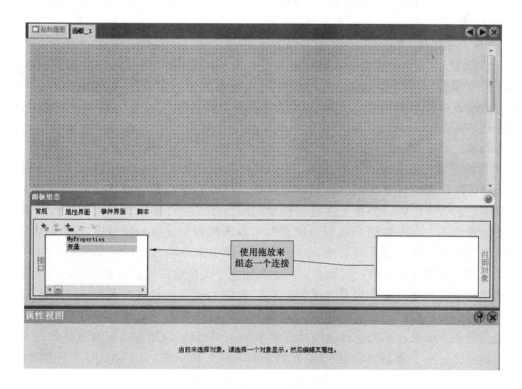

图 2-104 面板设计器

在图 2-104 最上方为画面编辑器，可以将所需要的画面对象从工具箱拖放到该编辑器来组成面板对象，也可以删除不需要的画面对象；中间为"面板组态"对话框，可以在此组态面板，"面板组态"对话框包含以下条目。

1）常规信息。在"常规"下建立面板名称，面板将以此名称显示在"项目库"中。

2）属性。在"属性"下设置面板属性，像所有其他对象属性一样，可以在以后的组态工作中组态此处包含的属性。也可以创建面板变量，面板变量仅在面板内可用。面板变量将直接与面板中包含的对象互连，例如，I/O域。

3）事件。在"事件"下建立面板事件，像所有其他对象属性一样，可以在将来的组态工作中组态此处包含的事件。

4）脚本。在"脚本"下为面板组态脚本，例如，可以在"脚本"下调用系统函数或编写新的函数来转换数值，脚本只能从面板中获得。还可以从项目窗口左侧项目视图的"画面"组下，双击一个画面，在中间的工作区域打开一个画面编辑器，选择一个或多个创建面板所需的画面对象，点击右键，在弹出的快捷菜单中选择"创建面板"，则会创建一个包含所选画面对象的面板对象，并在工作区域内打开面板设计器，在中间的"面板组态"对话框也可以根据需要再组态该面板。

面板生成和组态完毕后，在项目窗口右侧工具箱的"库"组中的"项目库"中会出现所创建的面板对象，可以像其他对象一样将其插入到画面中，并可以在属性视图中组态其属性。也可以将所创建的面板对象添加到共享库中，供以后的WinCC flexible项目使用，将面板从共享库添加到画面时，系统自动将面板的一个副本保存到项目库。若要更改面板，那么必须更改项目库中的面板，否则更改将不生效。

（7）库的生成与组态。

1）库的概念。库是画面对象模板的集合，是用于存储常用对象的中央数据库。只需对库中存储的对象组态一次，然后便可以任意多次进行重复使用。始终可以通过多次使用或重复使用对象模板来添加画面对象，从而提高编程效率。WinCC flexible软件包能提供广泛的图形库，包含"电机"或"阀"等对象，用户也可以根据需要定义自己的库对象。

2）库的分类。根据库的使用范围，可以将库分为两种类型：①项目库，每个项目都有一个库，项目库的对象与项目数据一起存储，只可用于在其中创建库的项目，将项目移动到不同的计算机时，包含了在其中创建的项目库，项目库只要不包含任何对象就始终处于隐藏状态，在库视图的右键快捷菜单中，选择命令"显示项目库"或将画面对象拖动到库视图中，可以显示项目库；②共享库，除了来自项目库的对象之外，也可以将来自共享库的对象合并到用户项目中。共享库独立于项目数据以扩展名"＊.wlf"存储在独立的文件中。在项目中使用共享库时，只需在相关项目中对该库引用一次。将项目移动到不同的计算机时，不会自动包含共享库。在进行该操作时，项目和共享库之间的互连可能会丢失。如果共享库在其他项目或非WinCC flexible应用程序中被重命名，那么该互连也将丢失。一个项目可以访问多个共享库。一个共享库可以同时用于多个项目中。当项目改变库对象时，该库在所有其他项目中以这种修改后的状态打开。在共享库中，还能找到WinCC flexible软件包提供的库。可以像使用其他画面对象一样，将库中存储的库对象添加到画面中，组态方法也基本类似。在项目窗口右侧的工具箱中，选择"库"组，选择不同库中的库对象，将其直接拖放到画面的合适位置，或点击所需要的库对象，将鼠标移动到画面合适的位置，鼠标变为"＋"，再次点击鼠标左键即可将所选库对象放置在该位置。库对象生成以后，在下方的属性视图用户可以根据自己的要求详细设置其属性。

（8）组态画面导航。画面创建完毕之后，通过组态画面导航可以实现画面之间的切换。双击在项目窗口左侧"项目视图"的"设备设置"组中的"画面浏览"条目，在窗口中间的工作区域将打开如图2-105所示的画面浏览编辑器。画面浏览编辑器右侧的"未使用的画面"视图包含了所有未包括在浏览系统中的项目画面，有两种方法可以将这些画面添加至画面浏览编辑器，并在编辑器中组态这些画面之间的连接关系：①从该视图中拖放"未使用的画面"至画面浏览编辑器，并将这些画面与其他画面互连；②从该视图中点击选择一个未使用的画面，再点击视图上方的"添加至画面浏览"，即可将该画面添加到画面浏览编辑器，然后再组态这个画面与其他画面的连接关系。

当画面浏览器中的画面连接关系确定之后，在画面浏览编辑器中点击某一个画面，在下方的属性视图中，可以修改和设置该画面的属性。

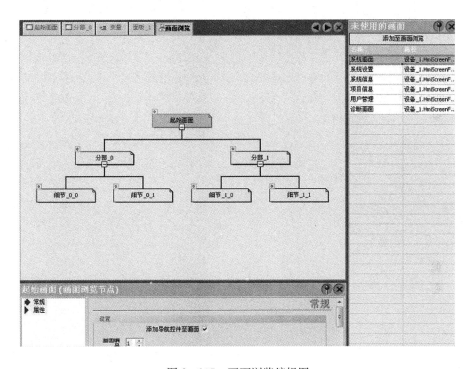

图2-105　画面浏览编辑图

画面浏览组态完毕之后，可以进一步设置浏览条的位置和导航控件。双击"项目视图"的"设备设置"组中的"导航控件设置"条目，将打开如图2-106所示的导航控件设置编辑器。在"设置"区域可以设置是否添加导航控件，导航控件在画面中的位置。在其他区域可以详细设置按钮模式，选择按钮为文本或图片，是否显示子画面、父画面以及左右画面等。

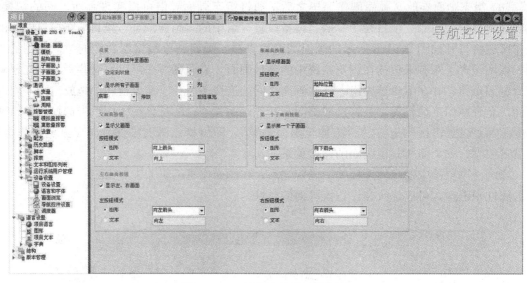

图 2 - 106　导航控件设置编辑图

第 3 章

西门子人机界面工程应用

3.1 Smart 700/1000 IE 人机界面工程应用

3.1.1 Smart 700/1000 IE 人机界面安装与连接

1. 安装

西门子的 HMI 设备具有自行通风装置，允许将 HMI 设备垂直或者倾斜安装在下列装置内：机柜；控制机柜；配电盘；控制台。西门子 Smart 700 IE、Smart 1000 IE 的正确安装方式如图 3-1 所示。

HMI 设备的周围需要留出下列所述的间隙，以确保其能进行自行通风。HMI 设备周围所需要的间隙如表 3-1 所示，表 3-1 中的所有尺寸单位均为 mm。

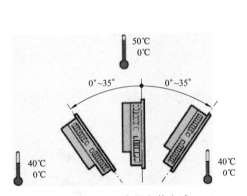

图 3-1　正确的安装方式

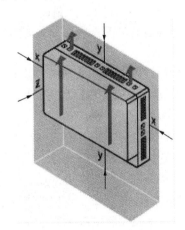

图 3-2　HMI 设备周围所需要的间隙

表 3-1　　　　　　　　　　　　　　HMI 设备周围所需要的间隙

	x	y	z
Smart 700 IE	15	40	10
Smart 1000 IE	15	50	10

HMI 设备在机柜、控制机柜、配电盘、控制台上安装时，安装开孔区域的材料强度必须足以保证能承受住 HMI 设备和安装的安全。卡件的受力或对 HMI 设备的操作不能导致材料变形，并要达到以下所述的防护等级。

（1）针对 IP65 防护等级的安装开孔处的材料厚度：1.5～5mm。

（2）安装开孔允许的平面偏差：≤0.5mm。

已安装的 HMI 设备必须满足以下条件。

（1）在密封区域允许的表面粗糙度：≤120μm（Rz120）。

（2）使用正确的扭矩（0.2Nm）进行安装。

2. 连接 HMI 设备

（1）等电位联结。因在空间上分开的金属组件之间可能会产生电位差，这类电位差可导致数据电缆上出现较高的均衡电流，从而毁坏 HMI 设备接口。如果 HMI 设备接口两端都采用了电缆屏蔽，并在不同的工厂部件处接地，也可能会产生均衡电流。

当系统连接到其他电源时，电位差可能更明显。必须通过等电位联结消除电位差，以确保电气系统的相关组件在运行时不会出现故障。因此，在进行等电位联结时必须遵守以下规定。

1）当等电位联结导线的阻抗减小时，或者等电位联结导线的横截面积增加时，等电位联结的有效性将增加。

2）如果两个工厂部件通过屏蔽数据电缆互连，并且其屏蔽层在两端都连接到接地或保护导体上，则额外敷设的等电位联结电缆的阻抗不得超过屏蔽阻抗的 10%。

3）等电位联结导线的横截面必须能够承受最大均衡电流，两个机柜之间的等电位联结使用最小横截面为 16mm² 的导线。

4）使用铜或镀锌钢材质的等电位联结导线，应在等电位联结导线与接地或保护导线之间保持大面积接触，并防止被腐蚀。

5）使用合适的电缆夹将数据电缆的屏蔽层平齐地夹紧在 HMI 设备上，并靠近等电位导轨。

6）平行敷设等电位联结导线和数据电缆时，应使其相互间隙距离最小。

7）电缆屏蔽层不适用于等电位联结，应使用独立的等电位联结导线，等电位联结导线的横截面不得小于 16mm²。

（2）连接电源。HMI 设备的电源连接电缆应使用导线横截面积为 1.5mm² 的电缆，剥除电源电缆外皮步骤如图 3-3 所示。

1）将两根电源电缆线剥去外皮，剥除长度为 6mm。

2）再将电缆轴套套在已剥皮的电缆线芯端。

3）并使用卡簧钳将电缆轴套卡紧。

HMI 设备的电源电缆接线步骤如图 3-4 所示，在图 3-4 中。

1）将两根电源电缆的一端插入到电源连接器中并使用一字螺丝刀加以固定。

2）将 HMI 设备连接到电源连接器上。

3）关闭电源。

4）将两根电源电缆的另一端插入到电源端子中并使用一字螺丝刀加以固定，应确保极性连接正确。

（3）连接组态 PC。组态 PC 能够提供下列功能：传送项目；传送设备映像；将 HMI 设备恢复至工厂默认设置；备份、恢复项目数据。通过 RS485/422 接口将组态 PC 与 HMI 设备连接步骤如图 3-5 所示。

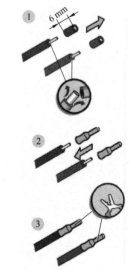

图 3-3　剥除电缆外皮步骤

1）关闭 HMI 设备。

2）将 PC/PPI 电缆的 RS485/422 连接器与 HMI 设备连接。

3）将 PC/PPI 电缆的 RS232 接头与组态 PC 连接。

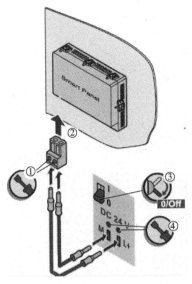 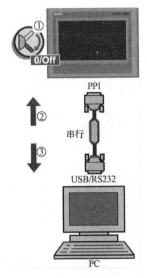

图 3-4　电缆接线步骤　　图 3-5　通过 RS485/422 接口将组态 PC 与 Smart Panel 连接

工业以太网电缆支持热插拔，因此在插拔电缆时无需将 HMI 设备关闭，也可以使用附件中 USB/PPI 电缆来代替 PC/PPI 电缆。

（4）组态 PC/PPI 电缆。用户如果使用 PC/PPI 电缆来连接 HMI 设备和组态 PC，则需要使用 DIP 开关来对传送速度进行配置，DIP 开关位置如图 3-6 所示，DIP1、DIP2、DIP3 开关功能见表 3-2。将 DIP 开关 1～3 设置为与 WinCC flexible 中的值相同。DIP 开关 4～8 必须设置成"0"。在此图中，比特率设置为 115.2kbit/s。

图 3-6　DIP 开关位置

表 3-2 　　　　　　　　　　　　DIP1、DIP2、DIP3 开关功能

比特率/kbit/s	DIP 开关 1	DIP 开关 2	DIP 开关 3
115.2	1	1	0
57.6	1	1	1
38.4	0	0	0
19.2	0	0	1
9.6	0	1	0
4.8	0	1	1
2.4	1	0	0
1.2	1	0	1

通过以太网接口将组态 PC 与 HMI 设备连接步骤如图 3-7 所示。

1）将工业以太网电缆的一个连接器与 HMI 设备连接。

2）将工业以太网电缆的另一个连接器与组态 PC 连接。

（5）连接 PLC。如果某 PLC 中含有操作系统以及可执行的程序，则可以将 HMI 设备与该 PLC 连接。将 PLC 与 HMI 设备连接可以通过 RS485/422 端口或以太网接口，西门子HMI设备可与下列 SIMATIC PLC 互连：SIMATIC S7 - 200 和 S7 - 200CN；SIMATIC S7 -200 SMART；LOGO！0BA7。

西门子的 Smart 700/1000 IE 可以与下列第三方 PLC 连接：三菱 FX 系列；欧姆龙CP1H、CP1L、CP1E - N；Modicon；Quantum/M340/Momentum；DeltaDVP - SV 系列/DVP - ES2 系列。

使用 RS485/422 端口将 PLC 与 HMI 设备连接如图 3-8 所示。RS485/422 端口的针脚分配见表 3-3。

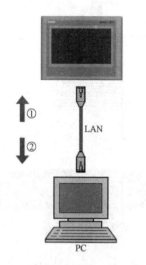

图 3-7　通过以太网接口将组态 PC
与 Smart Panel 连接

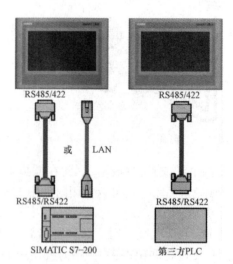

图 3-8　使用 RS485/422 端口将
PLC 与 Smart Panel 连接

表 3-3　　　　　　　　　　　　　　RS485/422 端口的针脚分配

D - sub 接头	针脚号	RS485	RS422
	1	NC	NC
	2	M24 - Out	M24 - Out
	3	B+	TXD+
	4	NC	RXD+
	5	M̄	M
	6	5V	5V
	7	P24 - Out	P24 - Out
	8	A -	TXD -
	9	NC	RXD -

3. 接通并测试 HMI 设备

（1）打开 HMI 设备。接通 HMI 设备电源，如图 3-9 所示，在电源接通之后屏幕会亮起，启动期间会显示进度条。如果 HMI 设备无法启动，则检查电源端子的接线是否接反。

操作系统启动后，装载程序将打开，如图 3-10 所示：

1）按"Transfer"按钮，将 HMI 设备设置为"Transfer"模式。

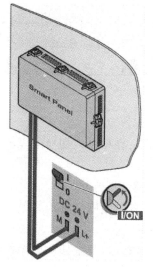

图 3-9　接通 HMI 设备电源

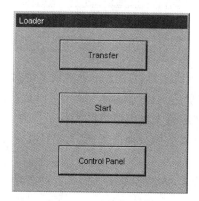

图 3-10　装载程序界面

2）点击"Start"按钮，启动 HMI 设备上的项目。当面板带有 WinCC flexible 项目时，如果用户在延迟时间内未做任何操作，则该项目会自动启动。

3）按"Control Panel"按钮，打开 HMI 设备的控制面板，可以在控制面板中进行各种设置，例如，传送设置。

（2）关闭 HMI 设备。

1）关闭 HMI 设备上所有激活的项目。

2）关闭 HMI 设备。有以下几种关闭方法：①关闭电源；②从 HMI 设备上拔下电源端子。

3.1.2　Smart 700/1000 IE 人机界面的用户操作界面

1. Smart 700/1000 IE 键盘的基本功能

Smart 700/1000 IE 的屏幕键盘具有下列按键：![left]光标向左；![right]光标向右；![BSP]删除字符；![ESC]取消输入；![enter]确认输入；![Help]帮助，若要显示信息文本，只有在已经为控制板配置了消息文本的情况下，按此键才会出现。

2. 在 Smart 700 IE 和 Smart 1000 IE 上输入数据

（1）字母数字屏幕键盘。触摸需要输入的操作员控件时，屏幕键盘会出现在 HMI 设备触摸屏上。文本屏幕键盘如图 3-11（a）所示，数字屏幕键盘如图 3-11（b）所示。

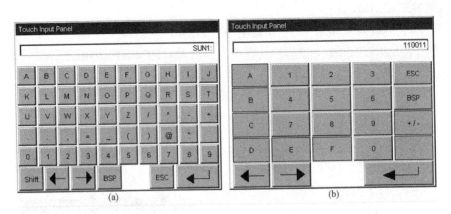

图 3-11 屏幕键盘

（2）输入字母数字值。字母数字键盘布局为单一语言，在项目内切换语言不会对字母数字屏幕键盘造成任何影响。输入字母数字值的步骤如下。

1）在屏幕上触摸所需的操作员控件，字母数字屏幕键盘将打开。

2）输入数值。视设置而定，HMI 设备会输出有声信号，使用<Shift>键可以输入小写字母。

3）按<Enter>键确认输入，或者按<ESC>键取消输入，其中任一项操作均会关闭屏幕键盘。

（3）输入数字值。

1）在屏幕上触摸所需的操作员控件，数字屏幕键盘将打开。

2）输入数值。视设置而定，HMI 设备会输出有声信号。

3）按<Enter>键确认输入，或者按<ESC>键取消输入，其中任一项操作均会关闭屏幕键盘。

可为变量分配限制值，在输入任何超出此限制值范围的值都会受到拒绝。如果组态了报警视图，将触发系统事件，并且会再次显示原始值。如在组态时可定义数字文本框小数位的位数，在此类型 I/O 域中输入值时，系统会检查小数位的位数。超出限制值的小数位将被忽略，未使用的小数位将用"0"条目进行填充。

3.1.3 Smart 700/1000 IE 人机界面组态操作系统

1. 打开控制面板

通过按装载程序的"Control Panel"按钮打开控制面板，如图 3-12 所示。在"Control Panel"中对 HMI 设备进行组态。可进行以下设置：通信设置；操作设置；屏幕保护程序；密码保护；传送设置；声音设置。

使用密码可以保护控制面板免受未经授权的操作，读取控制面板中的设置而无需输入密码，但不允许编辑这些设置。这样可防止执行意外的操作，并能增加设备或机器的安全性。如果忘记控制面板密码，则必须先更新操作系统之后才能在控制面板中进行更改。

在更新操作系统时，HMI 设备上的所有数据都将被覆盖。控制面板中可用于组态 HMI

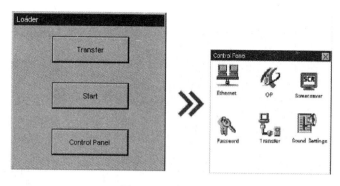

图 3-12　控制面板

设备的功能如下。

（1）![]更改网络组态。

（2）![]更改监视器设置。显示关于 HMI 设备的信息，校准触摸屏，显示 HMI 设备的许可信息。

（3）![SCR]设置屏幕保护程序。

（4）![]更改密码设置。

（5）![]启用数据通道。

（6）![]设置声音反馈信号。

2. 更改网络组态

如果网络中有若干个设备共享同一个 IP 地址，可能会出现通信错误。应为每个 HMI 设备分配一个在网络中唯一的 IP 地址。更改网络组态步骤如图 3-13 所示。

（1）按"Ethernet"按钮，打开"Ethernet Settings"对话框。

（2）选择通过 DHCP 自动分配地址或者执行用户特定的地址分配。

（3）如果分配用户特定的地址，应使用屏幕键盘在"IP Address"、"Subnet Mask"和"Def. Gateway"文本框（如果可用）中输入有效 IP 地址。

（4）切换至"Mode"选项卡。

（5）在"Speed"文本框中，输入以太网网络的传输率。下列值可用：10Mbit/s；100Mbit/s。

（6）选择"Half-Duplex"或"Full-Duplex"作为连接模式。

（7）如果激活"Auto Negotiation"复选框，将会自动检测和设置以太网网络的连接模式和传输率。

（8）切换至"Device"选项卡。

（9）为 HMI 设备输入网络名称。该名称必须满足以下条件。

1）最大长度：240 个字符。

2）仅支持以下特殊字符："－"和"."。

3）无效语法："n. n. n. n"（n＝0 到 999）和"端口－yxz"（x、y、z＝0 到 9）。

（10）单击"OK"关闭对话框并保存设置。

3. 更改监视器设置

更改监视器设置步骤如图 4-14 所示。

（1）按"OP"按钮，打开"OP Properties"对话框。

（2）在"Delay time"文本框中设置延迟时间。延迟时间（单位为秒）定义从出现装载程序到项目启动所经过的等待时间，值的有效范围为：0~60s。

（3）使用"OK"关闭对话框并保存输入内容。

如果将延迟时间设置为 0s，则项目会立即启动。这样，在接通 HMI 设备之后将不可能调用装载程序。要处理这种情况，需要组态一个具有"关闭项目"功能的操作员控件。

4. 显示关于 HMI 设备信息

显示关于 HMI 设备信息的步骤如图 3-15 所示。

（1）按"OP"按钮，打开"OP Properties"对话框。

（2）切换至"Device"选项卡。"Device"选项卡用于显示 HMI 设备上的特定信息。在联系"技术支持"时，将需要以下这些信息。

1）"Device"：HMI 设备名称。

2）"Flashsize"：保存 HMI 设备映像和项目数据的内部闪存大小。内部闪存的大小并不相当于项目可用的应用程序存储器。

3）"Bootloader"：引导装载程序版本。

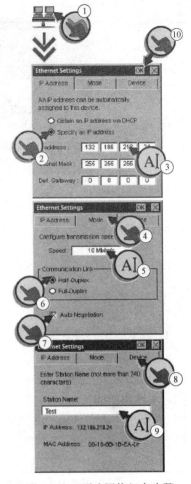

图 3-13　更改网络组态步骤

图 3-14　更改监视器设置步骤

图 3-15　显示关于 HMI 设备的信息步骤

4）"Bootl. Rel. Date"：引导装载程序的发布日期。

5）"Image"：HMI 设备映像的版本。

（3）单击"OK"，关闭对话框。

5. 校准触摸屏

校准触摸屏步骤如图 3 - 16 所示。

（1）按"OP"按钮，打开"OP Properties"对话框。

（2）切换至"Touch"选项卡。

（3）按"Recalibrate"按钮，打开校准画面。

（4）使用触摸笔或者手指依次触摸在屏幕画面上出现的十字。

（5）在 30s 之内使用触摸笔或者手指触摸屏幕画面的任意区域来确认输入。

（6）使用"OK"关闭对话框并保存输入内容。

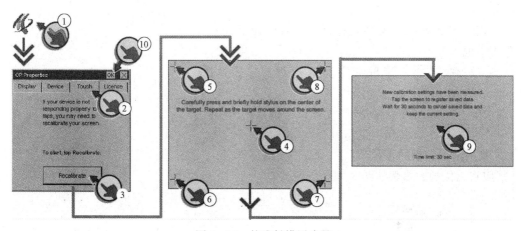

图 3 - 16　校准触摸屏步骤

6. 显示 HMI 设备的许可信息

显示 HMI 设备的许可信息步骤如图 3 - 17 所示。

（1）使用"OP"按钮打开"OP Properties"对话框。

（2）打开"License"选项卡。"License"选项卡用于显示 HMI 设备的软件许可信息。

（3）单击"OK"，关闭对话框。

7. 启用数据通道

将项目传送至 HMI 设备必须启用数据通道，完成项目传送后，可以通过锁定所有数据通道来保护 HMI 设备，以免无意中覆盖项目数据及 HMI 设备映像。启用一个数据通道 HMI 设备（Smart 700 IE 和 Smart 1000 IE）步骤如图 3 - 18 所示。

（1）按"Transfer"按钮，打开"Transfer Settings"对话框。

（2）如果 HMI 设备通过 PC - PPI 电缆与组态 PC 互连，则在"Channel 1"域中激活"Enable

图 3 - 17　显示 HMI 设备的许可信息步骤

111

Channel"复选框。如果 HMI 设备通过工业以太网与编程设备互连，则在"Channel 2"字段中激活"Enable Channel"框。按"Advanced"按钮，打开"Ethernet Settings"对话框。当选择通道 2 以太网时，可以通过设置"Remote Control"复选框激活自动传送。如果激活自动传送，则可通过远程组态 PC 或编程设备将 HMI 设备设置为传送模式。

（3）单击"OK"关闭对话框并保存设置。

8. 更改密码设置

设置的密码不能包含空格或特殊字符 *、?、.、%、/、\、'、"，密码的最大长度为 16 个字符，激活密码保护的步骤如图 3-19 所示。

（1）按"Password"按钮，打开"Password Properties"对话框。

（2）触摸文本框，字母数字屏幕键盘将显示，在"Password"文本框中输入密码。

（3）在"Confirm Password"文本框中确认密码。

（4）使用"OK"关闭对话框并保存输入内容。

9. 禁用密码保护的步骤

禁用密码保护的步骤如图 3-20 所示。

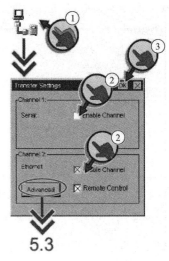

图 3-18 启用一个数据通道步骤

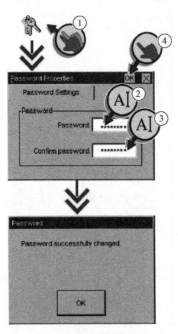

图 3-19 激活密码保护的步骤

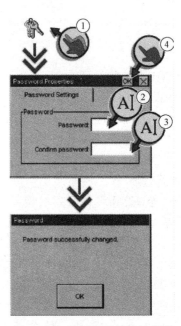

图 3-20 禁用密码保护的步骤

（1）按"Password"按钮，打开"Password Properties"对话框。

（2）删除"Password"文本框中的输入内容。

（3）删除"Confirm Password"文本框中的输入内容。

（4）使用"OK"关闭对话框并保存输入内容。

10. 设置屏幕保护程序

如果屏幕内容显示时间过长，就有可能在背景中留下模糊的影像（虚像），但经一段时间后，"虚像"会自动消失。相同的内容在画面中显示的时间越长，滞留的残影消失所需的时间就越长。屏幕保护程序有助于防止出现残影滞留。设置屏幕保护程序步骤如图3-21所示。

（1）按"Screensaver"按钮，打开"Screensaver Settings"对话框。

（2）触摸用于执行此操作的文本框，输入屏幕保护程序激活前间隔的分钟数。可以输入介于5~360min的值。输入"0"将禁用屏幕保护程序。

（3）使用"OK"关闭对话框并保存输入内容。

11. 设置声音反馈信号

设置声音反馈信号步骤如图3-22所示。

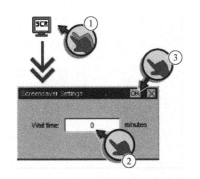 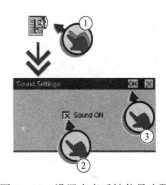

图3-21 设置屏幕保护程序步骤　　图3-22 设置声音反馈信号步骤

（1）使用"Volume Setting"按钮打开"Sound Settings"对话框。

（2）选择"Sound ON"复选框。如果激活了"Sound ON"复选框，则可在以下情况下获得声音反馈：触摸触摸屏；触摸显示的报警消息时。

（3）使用"OK"关闭对话框并保存输入的内容。

3.1.4 Smart 700/1000 IE 人机界面操作模式及测试项目

1. 操作模式及数据传输选项

（1）操作模式。HMI设备具有以下几种操作模式。

1）"离线"操作模式。在该模式中，HMI设备与PLC之间不存在任何通信。尽管可以操作HMI设备，但是无法与PLC交换数据。

2）"在线"操作模式。在该模式下，HMI设备和PLC可以进行通信。可以根据系统的组态，通过HMI操作来控制设备。

3）"Transfer"模式。在该模式下，可以将项目从组态PC传送到HMI设备，或者备份和恢复HMI设备的数据。可采用以下方法在HMI设备上设置"Transfer"模式：①当HMI设备启动时，在HMI设备装载程序中手动启动"Transfer"模式；②在运行期间可通过操作元素在项目中手动启动"Transfer"模式。

在组态 PC 和 HMI 设备上均可设置"离线模式"和"在线模式"。要在 HMI 设备上设置这些模式，可以使用项目中相应的操作元素。要在运行期间更改 HMI 设备的操作模式，必须已经组态了相应的操作元素。

（2）数据传输选项。HMI 设备和组态 PC 之间进行传送数据的选项见表 3－4。

表 3－4　　　　　　　　HMI 设备和组态 PC 之间进行传送数据的选项

类型	数据通道	Smart 700 IE	Smart 1000 IE
备份/恢复、操作系统更新 项目传送	串行①	有	有
	以太网	有	有
通过"恢复为出厂设置" 更新操作系统	串行①	有	有
	以太网	有	有

① 适用于使用 PC/PPI 电缆（订货号：6ES7 901－3CB30－0XA0）或 USB/PPI 电缆（订货号：6ES7 901－3DB30－0XA0）的操作。

将可执行项目从组态 PC 传送到 HMI 设备，可以手动在 HMI 设备上启动"Transfer"模式。传送的数据直接写入 HMI 设备的内部闪存中。

1）启动手动传送。可按如下方式手动将 HMI 设备切换至"Transfer"模式：①在运行期间，使用已组态的操作员控件；②在 HMI 设备的装载程序中。

2）传送要求如下：①在 WinCC flexible 中已打开"＊.hmi"项目；②HMI 设备已连接到组态 PC；③已在 HMI 设备上参数化数据通道；④HMI 设备处于"Transfer"模式。

3）传送步骤如下：①在组态 PC 上，从 WinCC flexible 的"项目"－〉"传送"菜单中选择"传送设置"命令，"选择设备进行传送"对话框将会打开；②在该对话框的左侧区域选择 HMI 设备；③选择 HMI 设备和组态 PC 之间的互连类型；④在该对话框的右侧区域设置传送参数；⑤在 WinCC flexible 中选择"传送"启动传送，组态 PC 会检查与 HMI 设备的连接。若连接正常，组态 PC 将项目传送到 HMI 设备。如果连接不可用或被中断，组态 PC 上会显示错误消息。成功完成传送后，项目即可在 HMI 设备上使用。

2. 测试项目

可以通过以下几种选项测试项目。

（1）在组态 PC 上测试项目。可在组态 PC 上使用仿真器测试项目。

（2）在 HMI 设备上离线测试项目。离线测试意味着测试执行期间，HMI 设备与 PLC 之间的通信是中断的。

（3）在 HMI 设备上在线测试项目。在线测试意味着 HMI 设备与 PLC 之间在测试期间仍相互通信。

执行测试时，可先使用"离线测试"，"离线测试"正常后，在进行"在线测试"。在将要运行该项目的 HMI 设备上对项目进行测试时应检查下列各项。

（1）检查画面布局是否正确。

（2）检查画面浏览。

（3）检查输入对象。

（4）输入变量值。

通过测试能增加项目在 HMI 设备上无故障运行的几率。离线测试的要求如下。

（1）项目已经传送到 HMI 设备。

（2）HMI 设备处于"离线"操作模式。

离线测试步骤如下。

（1）在"离线"模式中，可在 HMI 设备上对各个项目功能进行测试，而不受 PLC 的影响。此时，PLC 变量将不作更新。

（2）尽可能在不连接 PLC 的情况下，对项目的操作员控件和可视性进行测试。

在线测试的要求如下。

（1）项目已经传送到 HMI 设备。

（2）HMI 设备处于"在线"模式。

在线测试步骤如下。

（1）在"在线"模式中，可在 HMI 设备上对各个项目功能进行测试，而不受 PLC 的影响。但此时 PLC 变量将进行更新。

（2）可选择测试所有与通信有关的功能，例如，报警等。

（3）测试项目的操作员控件及视图。

3.1.5　Smart 700/1000 IE 人机界面工程应用技巧

1. 备份与恢复

在 Smart 700/1000 IE 人机界面的工程应用中，使用 WinCC flexible；ProSave 工具之一可以备份和恢复 HMI 设备内部闪存中的以下数据：项目与 HMI 设备映像；密码列表；配方数据。如果由于 HMI 设备的电源出现故障而中断了完整的恢复操作，则可能会删除 HMI 设备的操作系统。在这种情况下，必须将 HMI 设备恢复为出厂设置。如果在恢复过程中，HMI 设备输出消息、警告有兼容性冲突，则必须更新操作系统。备份和恢复的数据传送需要几分钟，依数据量和传输率而定，在备份和恢复过程中应观察状态显示器，勿中断数据传送。

2. 使用 WinCC flexible 进行备份和恢复

使用 WinCC flexible 进行备份与恢复要求如下。

1) 在组态 PC 的 WinCC flexible 中没有打开的项目。

2) HMI 设备已连接到此组态 PC 上。

3) 已在 HMI 设备上对数据通道编程。

4) HMI 设备必须处于"Transfer"模式。

（1）备份步骤。备份步骤如下。

1) 在组态 PC 上，从 WinCC flexible 的"项目"-〉"传送"菜单中选择"通信设置"命令，"通信设置"对话框打开。

2) 选择 HMI 设备的类型。

3) 选择 HMI 设备和组态 PC 之间的连接类型，设置连接参数。

4) 单击"OK"，关闭对话框。

5) 在 WinCC flexible 的"项目"-〉"传送"菜单中选择"备份"命令，"备份设置"对话框打开。

6) 选择要进行备份的数据。

7) 选择"＊.psb"备份文件的目标文件夹及文件名。

8) 在 HMI 设备上设置"Transfer"模式。

9) 单击"确定",启动组态 PC 上 WinCC flexible 中的备份操作。将打开一个状态视图,指示操作的进度。备份完成后系统将输出一条消息,此时已将相关数据备份到组态 PC 上。

(2) 恢复步骤。恢复步骤如下。

1) 在组态 PC 上,从 WinCC flexible 的"项目"-〉"传送"菜单中选择"通信设置"命令,"通信设置"对话框打开。

2) 选择 HMI 设备的类型。

3) 选择 HMI 设备和组态 PC 之间的连接类型,设置连接参数。

4) 单击"OK",关闭对话框。

5) 在 WinCC flexible 的"项目"-〉"传送"菜单上选择"恢复"命令,"恢复设置"对话框打开。

6) 在"打开"域中选择要恢复的"＊.psb"备份文件,可以看到创建该备份文件所用的 HMI 设备以及文件中包含的备份数据的类型。

7) 在 HMI 设备上设置"Transfer"模式。

8) 单击"确定",启动组态 PC 上 WinCC flexible 中的恢复操作。将打开一个状态视图,指示操作的进度。成功完成恢复后,组态 PC 上备份的数据此时已恢复到 HMI 设备上。

3. 使用 ProSave 进行备份和恢复

使用 ProSave 进行备份和恢复要求如下。

1) HMI 已连接到安装有 ProSave 的 PC。

2) 已在 HMI 设备上参数化数据通道。

3) HMI 设备必须处于"Transfer"模式。

(1) 备份步骤。备份步骤如下。

1) 在 PC 上转到 Windows"开始"菜单,并启动 ProSave。

2) 在"常规"(General) 选项卡中选择 HMI 设备类型。

3) 选择 HMI 设备和 PC 之间的互连类型,设置连接参数。

4) 在"备份"选项卡中选择要备份的数据,"完全备份"(Complete backup) 选项表示在 PSB 格式的文件中生成组态数据、配方数据和 HMI 设备映像的备份副本。

a)"配方"(Recipes) 选项表示以 PSB 格式生成 HMI 设备配方数据记录的备份副本。

b)"配方(CSV 格式)"[Recipes (CSV format)] 选项表示将 HMI 设备配方数据记录的备份副本保存到 CSV 格式的文本文件中,使用分号作为列分隔符。

c)"用户管理"(User management) 选项表示以 PSB 格式生成 HMI 设备用户数据的备份副本。

5) 为"＊.psb"备份文件选择文件夹和文件名,以 CSV 格式生成配方的备份副本时,只需选择文件夹。在此文件夹中,会为每个配方生成一个 CSV 文件。

6) 将 HMI 设备设置为"Transfer"模式。

7) 在 ProSave 中使用"启动备份"(Start Backup) 按钮启动备份操作,将打开一个进度条,指示操作的进度。备份完成后,系统将输出一条消息。现在,可以在 PC 上使用数据的备份副本。

（2）恢复步骤。恢复步骤如下。

1）在 PC 上转到 Windows "开始"菜单，并启动 ProSave。

2）在"常规"（General）选项卡中选择 HMI 设备类型。

3）选择 HMI 设备和 PC 之间的互连类型，设置连接参数。

4）在"恢复"（Restore）选项卡中选择要恢复的"∗.psb"备份文件，可以看到创建该备份文件所用的 HMI 设备以及文件中包含的备份数据的类型。从源文件夹中选择一个或多个 CSV 文件，以从 CSV 文件恢复配方。

5）将 HMI 设备设置为"Transfer"模式，如果在 HMI 设备上启用了自动传送模式，则该设备会在启动恢复操作时自动设置"Transfer"模式。

6）在 PC 上的 ProSave 中使用"启动恢复"（Start Restore）按钮来启动恢复操作，将显示一个进度条，指示操作的进度。当恢复成功完成后，PC 上备份的数据即会传送到 HMI 设备上。

4. HMI 设备的 OS 更新（Smart 700 IE 和 Smart 1000 IE）

在更新 HMI 设备操作系统时，HMI 设备上的所有数据（如项目和许可证）都将被删除。更新之后，需要重新校准 HMI 设备。使用 WinCC flexible 更新 HMI 设备操作系统有两种选择方案：

方案 1：在恢复为出厂设置的情况下更新操作系统。使用恢复为出厂设置更新操作系统时，所有数据通道参数均会恢复。只有重新配置数据通道之后，传送才能启动。如果 HMI 设备上还没有操作系统或者 HMI 设备的操作系统已经损坏，则必须通过恢复为出厂设置来执行操作系统更新。在使用恢复为出厂设置更新操作系统时，首先，在 ProSave 或 WinCC flexible 中启动操作系统更新，然后先断开 HMI 设备的电源，当出现提示时再接通。

方案 2：在未恢复为出厂设置的情况下更新操作系统。首先将 HMI 设备切换至"Transfer"模式。然后在 ProSave 或 WinCC flexible 中启动操作系统更新。

使用 WinCC flexible 更新操作系统要求如下。

（1）HMI 设备已连接到组态 PC。

（2）WinCC flexible 中没有打开的项目。

在使用 WinCC flexible 更新操作系统时，如果选择了方案 1，则操作步骤如下。

（1）断开 HMI 设备的电源。

（2）在组态 PC 上，从 WinCC flexible 的"项目"-〉"传送"菜单中选择"通信设置"命令，"通信设置"（Communication Settings）对话框打开。

（3）选择 HMI 设备的类型。

（4）选择 HMI 设备和组态 PC 之间的连接类型，然后设置连接参数。

（5）单击"确定"，关闭对话框。

（6）从 WinCC flexible 的"项目"-〉"传送"菜单中选择"OS 更新"命令。

（7）勾选"恢复为出厂设置"复选框。

（8）在"映像路径"下，选择 HMI 设备映像文件"∗.img"。这些映像文件位于 WinCC flexible 安装文件的"WinCC flexible Images"文件夹下。输出区域提供了有关成功打开的 HMI 设备映像文件的版本信息。

（9）在 PC 上点击"OS 更新"，进行操作系统更新。

（10）在弹出的报警对话框中单击"是"。

（11）接通 HMI 设备的电源。

（12）按照 WinCC flexible 中的说明进行操作，将显示一个进度条，指示操作系统更新的进度。

如果选择了方案 2，则操作步骤如下。

（1）在组态 PC 上，从 WinCC flexible 的"项目"-〉"传送"菜单中选择"通信设置"命令，"通信设置"对话框打开。

（2）选择 HMI 设备的类型。

（3）选择 HMI 设备和组态 PC 之间的连接类型，然后设置连接参数。

（4）单击"确定"关闭对话框。

（5）从 WinCC flexible 的"项目"-〉"传送"菜单中选择"OS 更新"命令。

（6）在"映像路径"下，选择 HMI 设备映像文件"∗.img"。这些映像文件位于 WinCC flexible 安装文件的"WinCC flexible Images"文件夹下。输出区域提供了有关成功打开的 HMI 设备映像文件的版本信息。

（7）将 HMI 设备设置为"Transfer"模式。

（8）在 WinCC flexible 中，点击组态电脑上的"OS 更新"，进行操作系统更新。

（9）按照 WinCC flexible 中的说明进行操作，将显示一个进度条，指示操作系统更新的进度。操作系统更新成功完成之后将显示一条消息，操作系统更新后，HMI 设备不再包含任何项目数据。

5. 使用 ProSave 更新操作系统

使用 ProSave 更新操作系统两种选择方案如下。

方案 1：在恢复为出厂设置的情况下更新操作系统。

方案 2：在未恢复为出厂设置的情况下更新操作系统。

使用 ProSave 更新操作系统要求如下。

（1）HMI 已连接到安装有 ProSave 的 PC。

（2）HMI 设备上已配置数据通道。

在使用 ProSave 更新操作系统步骤时，如果选择了方案 1，则操作步骤如下。

（1）断开 HMI 设备的电源。

（2）在 PC 上转到 Windows "开始"菜单，并启动 ProSave。

（3）在"常规"（General）选项卡中选择 HMI 设备类型。

（4）选择 HMI 设备和 PC 之间的连接类型，然后设置连接参数。

（5）选择"OS 更新"选项卡。

（6）勾选"恢复为出厂设置"复选框。

（7）在"映像路径"下，选择 HMI 设备映像文件"∗.img"。这些映像文件位于 WinCC flexible 安装文件的"WinCC flexible Images"文件夹下。输出区域提供了有关成功打开的 HMI 设备映像文件的版本信息。

（8）点击"OS 更新"，进行操作系统更新。

（9）在弹出的报警对话框中单击"是"。

（10）接通 HMI 设备的电源。

（11）按照 ProSave 中的说明进行操作，将显示一个进度条，指示操作系统更新的进度。

如果选择了方案 2，则操作步骤如下。

（1）进入 Windows 开始菜单，在电脑上启动 ProSave。

（2）在"常规"（General）选项卡中选择 HMI 设备类型。

（3）选择 HMI 设备和 PC 之间的连接类型，然后设置连接参数。

（4）选择"OS 更新"（OS Update）选项卡。

（5）在"映像路径"下，选择 HMI 设备映像文件"＊.img"。这些映像文件位于
WinCC flexible 安装文件的"WinCC flexible Images"文件夹下。输出区域提供了有关成功
打开的 HMI 设备映像文件的版本信息。

（6）将 HMI 设备设置为"Transfer"模式。

（7）在 WinCC flexible 中，点击"OS 更新"，进行操作系统更新。

（8）按照 ProSave 中的说明进行操作，将显示一个进度条，指示操作系统更新的进度。
操作系统更新成功完成之后将显示一条消息。操作系统更新后，HMI 设备不再包含任何项
目数据。

6. 使用 WinCC flexible 中的 Pack & Go 功能进行间接传送

如果正在组态一个项目，在完成组态工作时，需要立即将所创建的项目从组态 PC 中传
送至 HMI 设备中。通过"Pack & Go"功能，可以将该项目以一个 zip 文件发送给 HMI 设
备。传输链接如图 3 - 23 所示。使用"Pack & Go"进行传输的步骤如下。

图 3 - 23　传输链接

（1）选择"传输设置"（Transfer settings）对话框，如图 3 - 24 所示，并选择"使用
Pack & Go"（Use Pack & Go）。选择 zip 文件的存储路径，然后执行传输。此外，如果想
将该 WinCC flexible 项目拆分为多个 zip 文件，也可以设置"Splitting"选项。

（2）将该 zip 文件传送至电脑中，然后解压缩。这时，会看到一个名为"HMI 设备的
Pack & Go.＊名称＊"的文件夹。

图 3 - 24　传输设置（Transfer settings）对话框

7. 执行"StartTransfer. bat"文件

点击 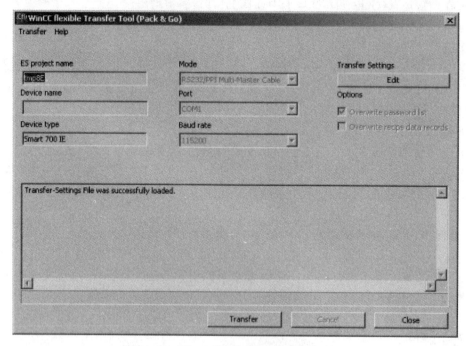 StartTransfer.bat "WinCC flexible Transfer Tool"将打开，如图3-25所示，该工具自带"Pack & Go"程序。如果要更改传送设置，请单击"Edit"按钮。

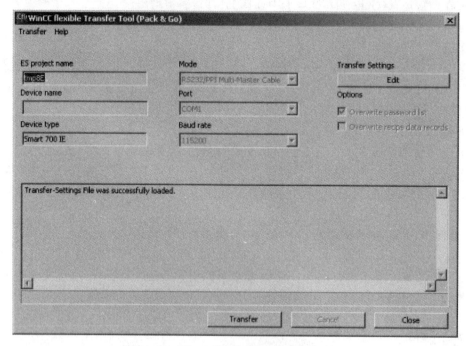

图3-25 Wincc flexible Transfer Tool 界面

8. 单击"Transfer"将组态传送至操作面板

"WinCC flexible Transfer Tool"对话框保持激活状态，直到项目传送完毕。该传输过程可能会耗费一段时间。在通信终止之后，就可以关掉该对话框了。

3.2 OP 73micro/TP 177micro 人机界面工程应用

3.2.1 OP 73micro/TP 177micro 人机界面安装与连接

1. 安装并连接 OP 73micro/TP 177micro

安装 OP 73micro 时要用到附件中的两个安装卡钉，安装 TP 177micro 时需要用到附件中的四个安装卡钉。HMI 设备安装过程如下。

（1）检查 HMI 设备上是否装上了安装密封圈，不要将安装密封圈里朝外装配，否则，将会引起安装口泄漏。

（2）将 HMI 设备从前面插入到安装口中。

（3）将安装卡钉插入 HMI 设备侧面的凹槽内，调整后紧固卡钉，紧固卡钉如图3-26所示。

（4）通过拧入凹头螺钉紧固卡钉；卡钉允许的转矩为：0.15N/m。检查前侧安装密封圈是否吻合。安装密封垫不能从 HMI 设备上凸出。否则，应重新按照步骤（1）～（4）进行安装。

2. 连接 HMI 设备

按照以下列次序连接 HMI 设备。

(1) 等电位联结。

(2) 电源。执行上电测试以确保电源的极性正确。

(3) PLC/组态计算机（如果需要）。

在 HMI 设备安装过程中应遵循正确的顺序连接 HMI 设备，不按此操作，将导致 HMI 设备损坏。在连接电缆时，确保不要将任何连接针脚弄弯，并用螺钉固定连接插头。图 3 - 27 给出了 HMI 设备上的接口。在图 3 - 27 中，1 为电源插头；2 为 RS485 接口（IF1B）；3 为机壳接地端子。

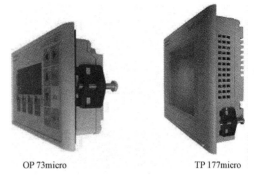

OP 73micro　　　　　　　　TP 177micro

图 3 - 26　在 OP 73micro/TP 177micro 上插入安装卡钉

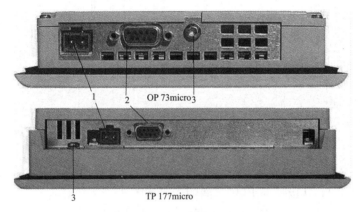

OP 73micro

TP 177micro

图 3 - 27　HMI 设备上的接口

(1) 等电位联结。空间上隔开的金属部件之间若存在电位差，可能导致数据电缆上出现较高的均衡电流，从而毁坏其接口。这种情况通常会发生在设备双方都采用了电缆屏蔽，但是在不同的系统部件处接地。当系统连接在不同的电源上时，电位差可能更明显。必须通过等电位联结消除电位差，以确保电气系统的相关组件在运行时不出故障。因此，在安装等电位联结时必须遵守以下规定。

1) 当等电位联结导线的阻抗减小时，或者等电位联结电缆的横截面积增加时，等电位联结的有效性将增加。

2) 如果通过屏蔽数据线（其屏蔽层连接到两侧的接地/保护导体上）将两个系统部件互相连接起来，则额外敷设的等电位连接电缆的阻抗不能超过屏蔽阻抗的 10%。

3) 所选等电位联结导线的横截面必须能够承受最大均衡电流，在两个机柜之间要想获得最佳等电位联结效果，连接导线的最小横截面积必须大于 $16mm^2$。

4) 在使用铜制或镀锌钢材制的等电位连接导线时，等电位联结导线与接地/保护导体之间应建立大面积的接触，并应采取防止腐蚀措施。

5) 使用合适的电缆夹将数据线的屏蔽层平齐地夹紧在 HMI 设备上，并尽可能地靠近电位均衡导轨。

6）在平行敷设等电位联结导线和数据线时，应使其相互的间隙距离最小。

HMI 设备的等电位连线图如图 3-28 所示：①为 HMI 设备上的机壳接地端子；②为等电位联结导线的横截面积：4mm²；③为机柜；④为等电位联结导线的横截面积：最小 16mm²；⑤为接地端子；⑥为电缆夹；⑦为接地母线；⑧为平行敷设等电位联结导线和数据线。

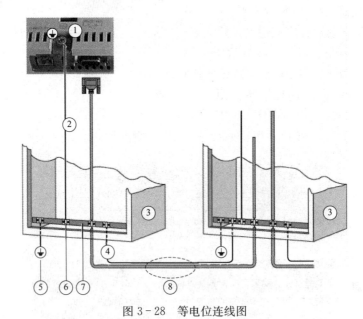

图 3-28　等电位连线图

（2）连接 PLC。HMI 设备与 PLC 之间的连接如图 3-29 所示。

（3）连接组态计算机。HMI 设备与组态计算机之间的连接如图 3-30 所示。

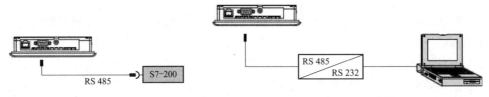

图 3-29　HMI 设备与 PLC 连接　　　　图 3-30　HMI 设备与组态计算机之间的连接

（4）连接电源。HMI 设备与电源之间的连接如图 3-31 所示，紧固螺丝时，如果接线端子处于插入状态，螺丝刀上的压力可能导致 HMI 设备的插口损坏，连接电源线前应拔出接线端子。按图 3-32 所示，将接线板与电源线连接，确保电线没有交叉（参见 HMI 设备背面的引出线标志）。

3. 接通电源并测试 HMI 设备

（1）接通电源并测试 HMI 设备（OP 73micro）。接通电源并测试 HMI 设备步骤如下。

1）将接线板插入 HMI 设备。

2）接通电源。在接通电源后，显示器将点亮并短暂出现如图 3-33 所示对话框；如果 HMI 设备没有启动，应检查所连接的电线，必要时，改变连接。一旦操作系统启动，装载

图 3-31 HMI 设备与电源之间的连接   图 3-32 连接接线板

程序将打开,如图 3-34 所示。如果 HMI 设备尚未包含任何项目数据,则在首次启动期间将自动设置传送模式,出现如图 3-35 所示对话框。

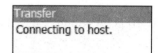

图 3-33 引导装载程序显示   图 3-34 装载程序视图   图 3-35 "传送"对话框

3)按下键装载程序再次出现。当系统重新启动时,项目可能已经装载到 HMI 设备上。这样,系统将跳过传送模式,并启动项目,使用相关的操作员控制对象来结束项目。

按下或其中一个光标键,按箭头方向选择下一个条目。

按下键确认该输入,打开子菜单或对话框。

按下键后退;返回到下一更高的菜单层;取消传送模式。

在调试之后启动功能测试,出现以下情况之一时,表明 HMI 工作正常。

1)显示"传送"对话框。

2)显示装载程序。

3)项目已经启动。

关闭 HMI 设备的方法:断开电源。将接线板与 HMI 设备断开。

(2)接通电源并测试 HMI 设备(TP 177micro)。接通电源并测试 HMI 设备步骤如下。

1)将接线板插入 HMI 设备。

2)接通电源。在电源接通之后显示器亮起。在启动期间,会显示进度条。如果 HMI 设备没有启动,应检查所连接的电线,必要时,改变连接。一旦操作系统启动,装载程序将打开,如图 3-36 所示。如果设备上没有装载任何项目,那么,HMI 设备在初始启动时将自动切换到"传送"模式。将出现如图 3-37 所示对话框。在调试之后启动功能测试,出现以下情况之一时,表明 HMI 设备工作正常。

1)显示"传送"对话框。

2)显示装载程序。

3)项目已经启动。

关闭 HMI 设备的方法:断开电源;将接线板与 HMI 设备断开。

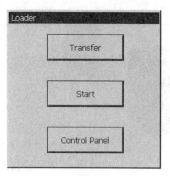

图 3－36　装载程序视图　　　　　　图 3－37　"传送"对话框

3.2.2　组态 OP 73micro/TP 177micro 人机界面操作系统

1. 组态 OP 73micro 的操作系统

图 3－38 给出的装载程序，将在 HMI 设备启动时短暂出现。装载程序菜单命令的功能如下。

1）"Transfer（传送）"。选择该菜单命令以设置 HMI 设备传送模式。

2）"启动"。选择该菜单命令以启动在 HMI 设备上的存储项目。

3）"信息/设置"。选择该菜单命令以打开 HMI 设备组态菜单。

（1）"信息/设置"菜单。在装载程序已经调用了"信息/设置"后，"信息/设置"菜单如图 3－39 所示。

1）"对比度"。设置显示器对比度的菜单命令。

2）"设备信息"。提供 HMI 设备信息的菜单命令。

3）"版本信息"。提供 HMI 设备映像版本信息的菜单命令。

4）"登录/设置"。"登录/设置"菜单的菜单命令。

（2）口令保护。可以通过分配口令来防止对"登录/设置"菜单的未授权访问，从而可以防止误操作，增强设备或机器的安全性。如果用户没有输入口令，该用户只能访问"对比度""设备信息"和"版本信息"菜单命令。如果分配了口令，当用户试图打开"登录/设置"菜单时，将出现如图 3－40 所示对话框。在关闭上一个会话后，需要再次输入口令才能访问"登录/设置"菜单。如果装载程序口令丢失，那么，只能在更新操作系统后重新调用"登录/设置"菜单。

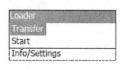

图 3－38　装载程序　　　图 3－39　"信息/设置"菜单　　　图 3－40　"口令"对话框

（3）设置屏幕对比度。从装载程序菜单中选择"信息/设置"-〉"对比度"，显示如图 3－41所示对话框。该对话框用于调整对比度，从而间接控制屏幕亮度。屏幕对比度可在较大范围内增加或减少，按下▼键将减小对比度，按下▲键将增加对比度。

（4）显示关于 HMI 设备的信息。从装载程序菜单中选择"信息/设置"-〉"设备信息"，显示如图 3-42 所示对话框，该对话框属性为只读。该对话框用于显示 HMI 设备的名称（"设备"）以及内部闪存的大小（"闪存大小"）。闪存用于存储HMI 设备的映象和项目数据，内部闪存的大小与项目的可用工作存储空间并不对应。

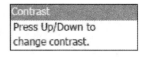

图 3-41　"对比度"对话框

（5）查看有关 HMI 设备映象版本的信息。从装载程序菜单中选择"信息/设置"-〉"版本信息"，显示如图 3-43 所示对话框。"版本信息"对话框将显示有关引导装载程序、HMI 设备映象文件，以及操作系统版本的信息。

（6）"设置"菜单。从装载程序菜单中选择"信息/设置"-〉"登录/设置"，显示如图 3-44 所示对话框，可通过口令来保护对该菜单的访问。已输入"设置"菜单的口令如下。

图 3-42　"设备信息"对话框　　图 3-43　"版本信息"对话框-实例　　图 3-44　"设置"菜单

1）"启动延迟"。在 HMI 设备上设置启动延迟的菜单命令。从装载程序菜单中选择"信息/设置"-〉"登录/设置"-〉"启动延迟"，显示如图 3-45（a）所示对话框。延迟定义了HMI 设备在启动存储的项目时自动延迟的时间。如果数值设为"0"，表示项目将立即启动。于是在接通 HMI 设备之后将不可能调用装载程序，要处理这种情况，必须组态可用于关闭项目的操作员控制对象。启动延迟设置的数值有效范围为：0～60s。

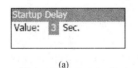 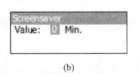 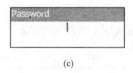

(a)　　　　　　　　　　(b)　　　　　　　　　　(c)

图 3-45　HMI 设备"设置"菜单的对话框
(a)"启动延迟"对话框；(b)"屏幕保护程序"对话框；(c)"口令"对话框

2）"屏幕保护程序"。在 HMI 设备上设置启动屏幕保护程序的菜单命令。从装载程序菜单中选择"信息/设置"-〉"登录/设置"-〉"屏幕保护程序"，显示如图 3-45（b）所示对话框。使用该对话框设置屏幕保护程序的激活延迟时间。设置屏幕保护程序的数值有效范围为：5～360min。设置为 0 时会禁用屏幕保护程序。

3）"口令"。在 HMI 设备上设置启动口令的菜单命令。若允许指定的人员有权访问"设置"菜单，可在"口令"对话框中定义口令。从装载程序菜单中选择"信息/设置"-〉"登录/设置"-〉"口令"，"口令"对话框打开，如图 3-45（c）所示。分配和编辑口令步骤如下：①输入口令，用▲键或▼键选择第一个字符，按下▶键输入附加字符，输入口令的最后一个输入字符以纯文本显示，其余的字符则以"＊"字符来表示；②按下[ENTER]键，即完成口令输入，显示"确认口令"对话框，如图 3-46 所示，需要两次输入口令进行确认；③再次输入口令；④按下 ENTER 键，即完成口令确认。如果两次口令输入完全相同，则接受口令。否则，将出现错误消息。打开"设置"菜单。重复所输入的口令。

图3-46 "确认口令"对话框

删除口令步骤如下：①按下 ENTER 键，切勿输入任何其他字符，"确认"对话框打开；②按下 ENTER 全建切勿输入任何其他字符。系统将确认删除。

4）"传送设置"。在 HMI 设备上设置启动传送设置的菜单命令。通过禁用数据通道，可以保护 HMI 设备，防止其受到项目数据和 HMI 设备映像的意外改写。从装载程序菜单中选择"信息/设置"->"登录->设置"->"传送设置"显示如图3-47（a）所示对话框。设置"传送设置"菜单步骤如下：①按下 ENTER 键，"通道1：串行"对话框打开如图3-47（b）所示，该对话框用于组态进行串行数据传送的 RS495 端口；②使用 ▲ 和 ▼ 光标键选择相关的设置，"禁止"禁用串行数据传送，"激活"启用串行数据传送；③使用 ENTER 键接受所需的设置，传送设置必须启用数据通道以允许将项目数据从组态计算机下载到 HMI 设备。

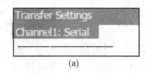　　　　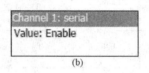

(a)　　　　　　　　　　(b)

图3-47 "传送设置"菜单及"通道1：串行"对话框

(a)"传送设置"菜单；(b)"通道1：串行"对话框

2. 组态 TP 177micro 的操作系统

（1）装载程序。TP 177micro 的装载程序界面如图3-48所示，可使用以下方法打开 TP 177micro 的装载程序。

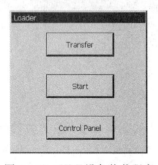

图3-48 HMI 设备装载程序

1）HMI 设备启动后，装载程序将短暂出现。

2）运行时，如果已组态，可以触摸相关的操作员控制对象来停止该项目。显示装载程序，装载程序按钮具有以下功能。

a）使用"传送"按钮，设置 HMI 设备的"传送"模式。

b）按下"启动"按钮，打开存储在 HMI 设备上的项目。

c）按下"控制面板"按钮，打开 HMI 设备的控制面板。

（2）控制面板。HMI 的控制面板可用于修改 HMI 设备的下列设置：画面设置；传送设置。使用 HMI 设备装载程序打开控制面板的方法是，触摸装载程序中的"控制面板"按钮，即可打开 HMI 设备的控制面板，打开的控制面板如图3-49所示。在"控制面板"中：

1）"OP"修改屏幕设置、显示 HMI 设备相关信息、校准触摸屏。

2）"password（口令）"设置控制面板的口令。

3）"Screensaver（屏幕保护程序）"组态屏幕保护程序。

4）"Transfer（传送）"组态数据通道。

控制面板的口令可以保护控制面板免受未经授权的访问，不输入口令，只可以读取控制面板中的设置，但不能对它们进行编辑修改。若要修改"控制面板"中的设置，应进行的操作如下。

1）在修改控制面板的设置之前，必须退出项目。

2）打开控制面板。

3）要改变设置，可以触摸相应的输入域或复选框，如果需要，可以使用显示的屏幕键盘。如果控制面板有保护，应输入口令，修改控制面板中的 HMI 设备设置。

4）通过装载程序启动项目。

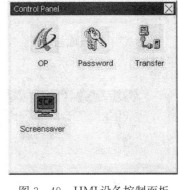

图 3-49　HMI 设备控制面板

（3）改变屏幕设置。触摸控制面板中的"OP" 图标，显示图 3-50 所示"OP 属性"对话框，在图 3-50 中：①为用于增加对比度的按钮；②为用于减小对比度的按钮；③为屏幕方向设置；④为在 HMI 设备启动时的延迟时间的输入域。改变屏幕设置步骤如下。

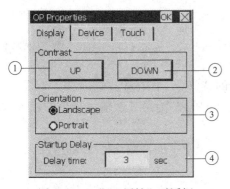

图 3-50　"OP 属性"对话框

1）"对比度"组包含"增加"和"减少"按钮，要调整屏幕对比度：触摸"增加"按钮以增加屏幕的对比度，触摸"减少"按钮以减小屏幕的对比度。

2）"方向"组包含有"横向"和"纵向"按钮，要调整屏幕的方向：设置"横向"复选框将 HMI 设备屏幕设为水平方向，设置"纵向"复选框将 HMI 设备屏幕设为垂直方向。

3）"启动延迟"组包含有"延迟时间"输入域，可以用来调整启动 HMI 设备的延迟时间。延迟是指出现装载程序到项目启动之间的时间间隔，其单位为秒。如果数值设为"0"，表示项目将立即启动。于是在接通 HMI 设备之后将不可能调用装载程序。在这种情况下，需要组态一个具有"关闭项目"功能的操作员控制对象。有效的数值范围是 0~60s。

4）关闭对话框并用 **OK** 保存输入项，触摸 **X** 以删除数值。

（4）屏幕方向。屏幕方向由组态工程师在创建项目时设定，在将项目传送给 HMI 设备时，会自动设置合适的屏幕方向。如果此时 HMI 设备上有项目，不要改变屏幕的方向。改变屏幕方向步骤如下。

1）触摸控制面板上的"OP"图标，打开"OP 属性"对话框，并选择"设备"标签，如图 3-51 所示。在图 3-51 中：①为 HMI 设备名称；②为 HMI 设备映像的版本；③为引导装载程序的版本；④为引导装载程序发行日期；⑤为闪存，用于存储 HMI 设备的映像和项目数据。

2）"设备"标签用于显示指定 HMI 设备的信息，不存在任何输入选项。

3）当不再需要该信息时，使用 **OK** 或 **X** 来关闭对话框。

（5）校准触摸屏。由于安装位置和浏览角度的不同，在操作 HMI 设备时有可能发生视差。为避免操作失误，在启动阶段或运行期间应再次校准屏幕。校准触摸屏操作步骤如下。

1）触摸了控制面板中的"OP" 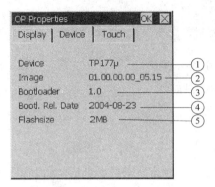 图标，打开"OP 属性"对话框，然后选择"触摸"标签，如图 3-52 所示。

图 3-51　"OP"属性对话框，"设备"标签　　　图 3-52　"OP 属性"对话框，"触摸"标签

2）触摸"重新校准"按钮。

3）根据 HMI 设备屏幕上所显示的说明进行操作。

4）使用 **OK** 关闭对话框。

（6）修改控制面板的口令设置。触摸控制面板中的"口令"图标，显示图 3-53 所示的"口令属性"对话框。在图 3-53 中：①为口令输入域；②为第二次输入口令的输入域。修改控制面板的口令步骤如下。

1）在"口令"输入域中输入口令。触摸输入域，字母数字屏幕键盘将显示。

2）在"确认口令"输入域中重复刚才输入的口令。

3）使用 **OK** 关闭对话框。

口令不能包含空格和特殊字符 * ? . %/ \ :'".，控制面板禁止未授权的访问，不输入口令，只可以读取某些设置，但是无法更改它们。删除口令步骤如下。

1）删除"口令"域和"确认口令"域中的输入内容。

2）使用 **OK** 关闭对话框。

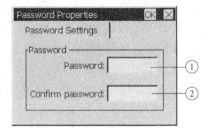

图 3-53　"口令属性"对话框

（7）设置屏幕保护程序。在 HMI 设备上设置自动激活屏幕保护程序的时间间隔，如果 HMI 设备在规定的时间周期内没有进行操作，则屏幕保护程序将自动激活。在以下情况下屏幕保护程序会停止：触碰触摸屏时；显示消息时。

通过"屏幕保护程序"图标打开了"屏幕保护程序"对话框，如图 3-54 所示。设置屏幕保护程序步骤如下。

1）输入激活屏幕保护程序之前的分钟数。触摸输入域。可以输入一个介于 5～360min 之间的值，输入"0"将取消激活屏幕保护程序。

2）关闭对话框并用 **OK** 保存的输入项，触摸 **X** 可删除输入值。

（8）组态数据通道。通过禁用数据通道，可以保护 HMI 设备，防止其受到项目数据和 HMI 设备映像的意外改写。触摸面板上"传送"图标，显示图 3-55 所示的"传送设置"对话框。该对话框用于组态进行串行数据传送的 RS485 端口。要将项目数据从组态计算机下载到 HMI 设备，必须启用数据通道。通过设置"启用通道"复选框来启用"通道1"数据通道步骤如下。

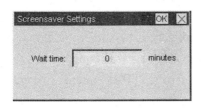
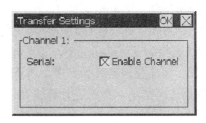

图 3-54　"屏幕保护程序"对话框　　图 3-55　"传送设置"对话框

1）设置"启用通道"复选框，以启用串行传送。
2）重设"启用通道"复选框，以禁用串行传送。

3.2.3　OP 73micro/TP 177micro 人机界面工程应用技巧

HMI 设备可用于操作并监视自动化生产过程中的任务，HMI 设备上所装载的设备画面使得当前过程更加清楚直观。包含有设备画面的 HMI 项目在组态阶段就已创建，一旦项目传送给 HMI 设备，且该 HMI 设备已连接到自动化系统的 PLC 上，便可在过程管理阶段对该过程进行操作和监视。HMI 设备的组态和过程管理阶段如图 3-56 所示。

1. 将项目传送到 HMI 设备

（1）设置操作模式。可以在组态计算机和 HMI 设备上设置"离线模式"和"在线模式"，要在 HMI 设备上设置这些模式，可以使用项目提供的相应控制员控制对象。要在运行期间改变 HMI 设备的操作模式，必须已经组态了相应的操作员控制对象。

1）"离线"模式。在该模式中，HMI 设备与 PLC 之间不存在任何通信。尽管可以操作 HMI 设备，但是无法与 PLC 交换数据。

2）"在线"模式。在该模式下，HMI 设备和 PLC 进行通信。可以根据系统组态来操作 HMI 设备上的项目。

3）"传送"模式。在该操作模式下，可以将项目从组态计算机传送到 HMI 设备，可采用以下的方法在 HMI 设备上设置"传送"模式：

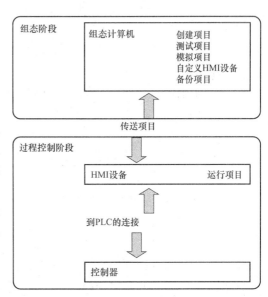

图 3-56　组态和过程管理阶段

1）当 HMI 设备启动时，在 HMI 设备装载程序中手动启动"传送"模式。

2) 在正常运行期间，使用操作员控制对象在项目中手动启动"传送"模式。

（2）重新使用现有项目。重新使用 HMI 设备上的现有项目的实例如下。

1) 重新使用 OP 73micro 上的现有项目。将 OP 73 项目移植到 WinCC flexible（压缩版、标准版、高级版）的 OP 73 项目中，然后将 HMI 设备更换为 OP 73micro。

2) 重新使用 TP 177micro 上的现有项目有：①ProTool 的 TP 170A 项目，将 TP 170A 项目移植到 WinCC flexible（压缩版、标准版、高级版），然后将 HMI 设备更换为 TP 177micro；②WinCC 的 TP 170A 项目，在 WinCC flexible（压缩版、标准版、高级版）中，将 HMI 设备更换为 TP 177micro；③WinCC flexible 的 TP 170micro 项目，在 WinCC flexible（压缩版、标准版、高级版）中，将 HMI 设备更换为 TP 177micro。

（3）数据传送选项。在组态计算机和 OP 73micro 或 TP 177micro 之间传送数据的几种选择见表 3-5。

表 3-5　在组态计算机和 OP 73micro 或 TP 177micro 之间传送数据的几种选择

类型	类型	OP 73micro	TP 170micro
备份	串口（复位为出厂设置）	不支持	不支持
	串口	支持	支持
恢复	串口（复位为出厂设置）	是[1]/否[2]	支持[1]/不支持[2]
	串口	是[1]/否[2]	支持[1]/不支持[2]
更新操作系统	串口（复位为出厂设置）	支持	支持
	串口	不支持	不支持
项目的传送	串口（复位为出厂设置）	不支持	不支持
	串口	支持	支持

① 应用于整体恢复；

② 应用于恢复口令列表。

2. 项目传送

在运行期间，可以使用组态好的操作员控制对象手动将 HMI 设备切换到"传送"模式。启动传送要求如下。

（1）在 WinCC flexible 中已打开"＊.hmi"项目。

（2）HMI 设备已连接到组态计算机。

（3）已组态 HMI 设备的数据通道。

（4）HMI 设备装载程序已打开。

启动传送的操作步骤如下。

（1）将 HMI 设备切换到"传送"模式。

（2）在组态计算机上进行的操作如下：

1) 在 WinCC flexible 中选择菜单命令"项目"->"传送"->"传送设置"。

2) 选择 HMI 设备并定义用于连接的参数。

3) 使用"传送"启动下载。组态计算机将验证与 HMI 设备的连接，如果没有连接或连接出现故障，那么，组态计算机将输出一条报警信息。如果未检测到任何通信错误，该项目将传送到 HMI 设备上。当传送成功完成时，数据即位于 HMI 设备上。

3. 测试项目

测试将增加项目在 HMI 设备上无故障运行的几率，HMI 设备上可使用两种方法测试项目：

（1）离线测试项目。离线测试意味着测试执行期间，HMI 设备与 PLC 之间的通信是中断的。离线测试的要求如下：

1）项目已经传送给了 HMI 设备。

2）HMI 设备处于"离线"操作模式。

（2）在线测试项目。在线测试意味着 HMI 设备与 PLC 之间在测试期间仍相互通信。在线测试的要求如下：

1）项目已经传送给了 HMI 设备。

2）HMI 设备处于"在线"模式。

若要进行两种测试，则先启动"离线测试"，再启动"在线测试"。并检查以下几项。

（1）检查画面布局是否正确。

（2）检查画面层级结构。

（3）检查输入对象。

（4）输入变量值。

离线测试步骤如下。

（1）使用"离线"模式测试 HMI 设备上的各个项目函数，而不让其受到 PLC 的影响。因此，PLC 变量将不作更新。

（2）对项目的操作员控制对象和可视化进行测试，在某种程度上不用连接到 PLC。

在线测试步骤如下。

（1）使用"在线"模式测试 HMI 设备上的各个项目函数，而不让其受到 PLC 的影响。此时 PLC 变量将进行更新。

（2）测试项目的操作员控制对象及视图。

4. 备份与恢复

HMI 设备上的数据可以在 HMI 设备外的一个 PC 上进行备份和恢复，内部闪存的下列数据可以备份和恢复：项目与 HMI 设备映像；口令列表。可采用以下方式执行备份与恢复。

1）WinCC flexible。

2）ProSave。

（1）复位为出厂设置。在 ProSave 或 WinCC flexible 中，可以执行包括或不包括复位为出厂设置的恢复。

1）恢复口令列表但不复位为出厂设置。首先，在 HMI 设备上设置"传送"模式，然后在 ProSave 或 WinCC flexible 中启动恢复。

2）恢复所有项目数据和 HMI 设备映像，并且复位为出厂设置。首先，在 ProSave 或 WinCC flexible 中启动恢复，然后先切断 HMI 设备的电源，再打开。

当 HMI 设备的操作系统损坏时，也可在恢复时复位为出厂设置，因此可以不再运行 HMI 设备的装载程序。在 ProSave 中使用"复位为出厂状态"复选框确定恢复步骤。

（2）通过 WinCC flexible 进行备份与恢复。通过 WinCC flexible 进行备份和恢复操作是在 HMI 设备和组态计算机的闪存之间传送相关数据的操作，要求如下：

1）HMI 设备已连接到组态计算机。

2）WinCC flexible 中没有打开的项目。

3）仅用于恢复口令列表或在备份数据时，HMI 设备的数据通道已组态。

备份操作步骤如下。

1）在组态计算机的 WinCC flexible 中选择菜单命令"项目"->"传送"->"通信设置"，"通信设置"对话框打开。

2）选择 HMI 设备类型。

3）选择 HMI 设备和组态计算机之间的连接类型，然后设置通信参数。

4）单击"确定"，关闭对话框。

5）在 WinCC flexible 中，选择菜单命令"项目"->"传送"->"备份"，"备份设置"对话框打开。

6）选择要进行备份的数据。

7）选择目标文件夹和"∗.psb"备份文件的名称。

8）在 HMI 设备上设置"传送"模式。

9）使用"确定"按钮，启动组态计算机上 WinCC flexible 的备份操作。按照 WinCC flexible 的说明进行操作，将打开一个状态视图，指示操作的过程。当备份完成后，系统将输出一条消息，此时已将相关数据备份到组态计算机上。

恢复操作步骤如下。

1）仅限恢复时复位为出厂设置，关闭 HMI 设备的电源。

2）在组态计算机的 WinCC flexible 中选择菜单命令"项目"->"传送"->"通信设置"，"通信设置"对话框打开。

3）选择 HMI 设备类型。

4）设置连接参数。

5）单击"确定"，关闭对话框。

6）在 WinCC flexible 中，选择菜单命令"项目"->"传送"->"恢复"，"恢复设置"对话框打开。

7）在"打开"对话框中选择将要恢复的"∗.psb"备份文件，视图中将显示产生备份文件的 HMI 设备以及其中包含的数据类型。

8）恢复口令列表，在 HMI 设备上设置"传送"模式。

9）使用"确定"按钮，启动组态计算机上 WinCC flexible 的恢复操作。按照 WinCC flexible 中的说明进行操作，将打开一个状态视图，指示操作的进度。当备份数据从组态计算机恢复到 HMI 设备后，传送完成。

（3）通过 ProSave 进行备份和恢复。通过 ProSave 进行备份和恢复操作是在 HMI 设备和 PC 的闪存之间传送相关数据的操作，要求如下。

1）HMI 已连接到安装有 ProSave 的 PC。

2）仅限恢复口令列表或在备份数据时，HMI 设备的数据通道已组态。

备份操作步骤如下。

1）从 PC 的 Windows 开始菜单中运行 ProSave。

2）在"常规"标签中选择 HMI 设备类型。

3）在"常规"标签中设置连接参数。

4）使用"备份"标签中选择相关的数据。

5）选择目标文件夹和"∗.psb"备份文件的名称。

6）在 HMI 设备上设置"传送"模式。

7）使用"启动备份"启动 ProSave 中的备份操作，按照 ProSave 的说明进行操作，将打开一个状态视图，指示操作的进度。当备份完成后，系统将输出一条消息。此时已将相关数据备份到 PC 上了。

恢复操作步骤如下。

1）仅限恢复时复位为出厂设置，关闭 HMI 设备的电源。

2）从 PC 的 Windows 开始菜单中运行 ProSave。

3）在"常规"标签中选择 HMI 设备类型。

4）在"常规"标签中设置连接参数。

5）在"恢复"标签选择要恢复的"∗.psb"备份文件，该工具会输出消息，显示为其创建备份副本的 HMI 设备和文件中所含备份数据的类型。

6）恢复口令列表：在 HMI 设备上设置"传送"模式。

7）在 ProSave 中使用"启动恢复"来启动恢复操作，按照 ProSave 的说明进行操作，将打开一个状态视图，指示操作的进度。

5. 更新操作系统

在将项目传送给 HMI 设备时可能会发生兼容冲突，这是由组态软件和 HMI 设备映像使用不同版本而引起的。组态计算机将取消传送，并发出一条报警来指示兼容性冲突。此时，必须更新 HMI 设备的操作系统。操作系统更新时将会删除 HMI 设备上所有的数据，例如，项目和口令。

（1）使用 WinCC flexible 更新操作系统。使用 WinCC flexible 更新操作系统要求如下。

1）HMI 设备已连接到组态计算机。

2）WinCC flexible 中没有打开的项目。

使用 WinCC flexible 更新操作系统步骤如下。

1）关闭 HMI 设备的电源。

2）在组态计算机的 WinCC flexible 中选择菜单命令"项目"-〉"传送"-〉"通信设置"，这将会打开"通信设置"对话框。

3）选择 HMI 设备类型。

4）设置连接参数。

5）单击"确定"，关闭对话框。

6）在 WinCC flexible 中选择菜单命令"项目"-〉"传送"-〉"更新操作系统"。

7）在"映像路径"中，选择包含有 HMI 设备映像文件"∗.IMG"的文件夹。HMI 设备映像文件可以在 WinCC flexible 安装文件夹的"WinCC flexible 映像"下找到，或者在相应的 WinCC flexible 安装光盘上找到。

8）选择"打开"。打开映像文件后，将在输出区域中显示有关 HMI 设备映像版本的各种信息。

9）在 WinCC flexible 中选择"更新 OS"，以运行操作系统更新。按照 WinCC flexible 的说明进行操作，将出现一个状态图，指示操作系统更新的进度。

（2）使用 ProSave 更新操作系统。使用 ProSave 更新操作系统要求 HMI 已连接到安装有 ProSave 的 PC，使用 ProSave 更新操作系统步骤如下。

1）关闭 HMI 设备的电源。

2）从 PC 的 Windows 开始菜单中运行 ProSave。

3）在"常规"标签中选择 HMI 设备类型。

4）设置连接参数。

5）选择"OS 更新"标签。

6）在"映像路径"中，选择包含有 HMI 设备映像文件"∗.IMG"的文件夹，HMI 设备映像文件可以在相关的 WinCC flexible 安装光盘上找到。

7）选择"打开"。打开映像文件后，将在输出区域中显示有关 HMI 设备映像版本的各种信息。

8）在 PC 上选择"更新 OS"，以运行操作系统更新。按照 ProSave 的说明进行操作，将出现一个状态图，指示操作系统更新的进度。完成操作系统更新后，系统将输出一个报警。该操作已删除 HMI 设备上的项目数据。

3.3 WinCC flexible 软件的工程应用

3.3.1 WinCC flexible 组态

1. I/O 域组态

（1）I/O 域分类。I 是输入（Input）的简称，O 是输出（Output）的简称，输入域与输出域统称为 I/O 域。I/O 域分为 3 种模式，分别为输出域、输入域和输入/输出域。

（2）I/O 域组态要求。建立 2 个整型变量和 1 个字符变量，在画面中建立 3 个 I/O 域，3 个 I/O 域的模式分别定义为"输入""输出"和"输入/输出"，过程变量分别与以上 3 个变量连接。

2. 按钮组态

按钮最主要的功能是在单击它时执行事先组态好的系统函数，使用按钮可以完成很多任务。在按钮的属性视图的"常规"对话框中，可以设置按钮的模式为"文本""图形"或"不可见"。

按钮组态画面如图 3-57 所示，画面中组态两个按钮和一个 I/O 域，当按下"加 1"按钮时，I/O 域中的数值就加 1，当按下"减 1"按钮时，I/O 域的数值就减 1。

3. 文本列表和图形列表组态

文本列表和图形列表组态画面如图 3-58 所示，当在 I/O 域中写入数字 0 时，在符号 I/O 域中自动显示"中国"，在图形 I/O 域中显示中国国旗。当在 I/

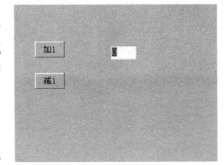

图 3-57 按钮组态画面

O 域中写入数字 1 时，在符号 I/O 域中自动显示"美国"，在图形 I/O 域中显示美国国旗。当在 I/O 域中写入数字 2 时，在符号 I/O 域中自动显示"法国"，在图形 I/O 域中显示法国国旗。另外也可在符号 I/O 域中选择中国、美国和法国，I/O 域中的数值与图形 I/O 域中的国旗能跟着相应变化。

4. 动画组态

对象的动画组态包括外观、对角线移动、水平移动、垂直移动、直接移动和可见性组态。以水平移动为例：对角进行水平移动组态如图 3-59 所示，组态 4 个矩形块，让其实现从左到右和循环移动。

5. 变量指针组态

变量指针组态画面如图 3-60 所示，在画面中可通过 I/O 域分别设置 1 号、2 号、3 号水箱的液位。通过符号 I/O 域来选择相对应的水箱液位，如符号 I/O 域中选择 1 号水箱液位，则在下面显示 1 号水箱的液位值，并指出指针值。

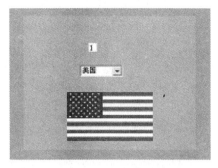

图 3-58　文本列表和图形列表组态画面

图 3-59　动画组态画面

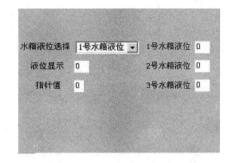

图 3-60　变量指针组态画面

6. 运行脚本组态

WinCC flexible 提供了预定义的系统函数，用于常规的组态任务。WinCC flexible 支持 VBS（Visual Basic Script）脚本功能，VBS 又称为运行脚本，实际上就是用户自定义的函数，VBS 用来在 HMI 设备需要附加功能时创建脚本。运行脚本具有编程接口，可以在运行时访问部分项目数据。

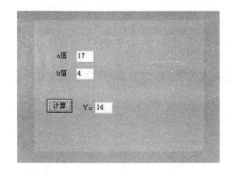

图 3-61　并组态监视画面

只有 OP 270/TP 270 及以上的 HMI 设备和 WinCC flexible 的标准版才有脚本功能，使用运行脚本允许灵活地实现组态，如果在运行时需要额外的功能，可以创建运行脚本。组态一个脚本函数

$$Y = \frac{(a+b) \times 2}{3}$$

运行脚本组态的监视画面如图 3-61 所示，在画面中按"计算"按钮后，Y 的值能由 a、b 的值计算得到。

135

7. 报警组态

报警的分类如下。

（1）自定义报警。自定义报警是用户组态的报警，用来在 HMI 设备上显示过程状态，自定义报警分离散量报警和模拟量报警。

（2）系统报警。系统报警用来显示 HMI 设备或 PLC 中特定的系统状态，是在这些设备中预先定义的。系统报警向操作员提供 HMI 和 PLC 的操作状态，内容包括从注意事项到严重错误。如果在两台设备中的通信出现了某种问题，HMI 设备或 PLC 将触发系统报警。有两种类型的系统报警：HMI 设备触发的系统报警和 PLC 触发的系统报警。

一个字（16 位）可以组态 16 个离散量报警，离散量报警用指定的字变量内的某一位来触发。在项目视图中单击"离散量报警"，在报警表中组态一个离散量报警，如图 3-62 所示。由变量"变量 1"的第 0 位触发该报警。报警类型如下。

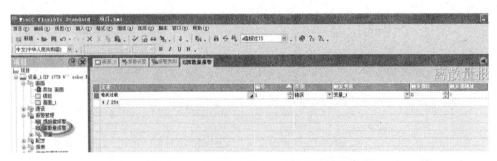

图 3-62 报警表中组态一个离散量报警

（1）错误。用于离散量报警和模拟量报警，指示紧急的或危险的操作和过程状态，这类报警必须确认。

（2）诊断事件。用于离散量和模拟量报警，指示常规操作状态，过程状态和过程顺序，这类报警不需要确认。

（3）警告。用于离散量和模拟量报警，指示不是太紧急的或危险的操作和过程状态，这类报警必须确认。

（4）系统。用于系统报警，提示操作员有关 HMI 设备和 PLC 操作状态的信息。这类报警不能用于自定义的报警。

在项目视图中单击"模拟量报警"，在报警表中组态一个模拟量报警，如图 3-63 所示。当"变量 1"大于 100 时，产生报警。

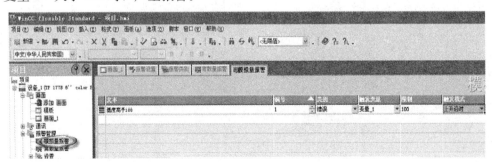

图 3-63 报警表中组态一个模拟量报警

报警视图用于显示当前出现的报警，在工具视图的简单对象中，单击"报警视图"，在画面中组态的报警视图如图3-64所示。

3.3.2 OS更新设置及恢复出厂设置

1. OS更新设置

在以下情况下需要更新HMI设备的OS。

1) WinCC flexible软件的镜像文件版本不同于HMI设备中的OS镜像文件版本。

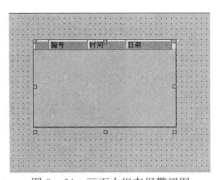

图3-64 画面中组态报警视图

2) 使用ProTool编辑和下载的HMI设备，当更换软件WinCC flexible后，如果希望下载程序，那么必须更新HMI设备的OS。

3) WinCC flexible软件版本升级后，希望使用更新的OS镜像文件。

4) HMI设备的OS损坏，无法进入操作系统的情况（此时须要进行恢复出厂设置的OS更新）。

（1）建立组态计算机和HMI设备的连接。对于所有HMI设备，所有可以用来下载程序的电缆都可以用来执行普通OS更新。计算机同HMI设备连接的设定方式同下载时的操作是完全一样的，具体内容可根据所选择的通信方式，在此是采用PC/PPI电缆对OP 177B PN/DP进行OS更新。

（2）WinCC flexible软件中的设置。

1) 建立连接后，打开WinCC flexible项目，并选择菜单"项目""传送""OS更新（U）"，如图3-65所示。

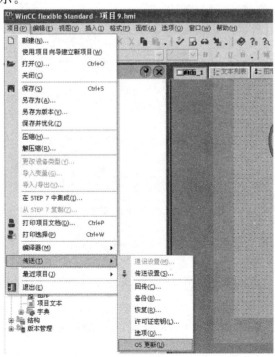

图3-65 选择菜单"项目""传送""OS更新（U）"

2）弹出如图 3-66 所示系统对话框。可以看到，OS 更新对话框包含如下信息：操作系统镜像路径：指出 WinCC flexible 软件存放该类型设备的镜像文件，默认的路径为：C：\ Program Files \ Siemens \ SIMATIC WinCC flexible \ WinCC flexible Images \ …，点击 "…" 按钮可进入选择路径对话框，从而选择正确的镜像文件。

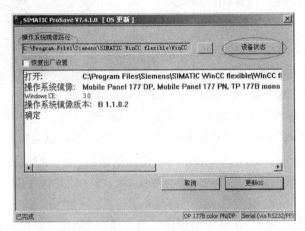

图 3-66　系统对话框

如果计算机同时安装有 ProTool 软件，那么此处的路径有可能是 ProTool 软件的镜像文件路径，此时需要通过浏览按钮选择正确的镜像文件。

点击 "设备状态" 按钮后，在连接正常的情况下，可以显示目前 HMI 设备的镜像文件的版本等信息，借用此功能可以检测通信连接正常与否，如图 3-67 所示。

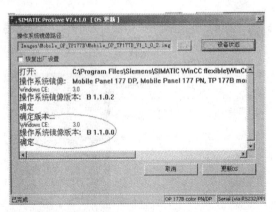

图 3-67　显示目前面板上的镜像文件的版本等信息界面

3）点击图 3-67 中的 "更新 OS" 按钮，系统弹出如图 3-68 所示的警告信息，如果确实要做更新 OS 的操作，点击 "是"，否则点击 "否"。

4）点击图 3-68 中的 "是" 按钮后，系统将用 WinCC flexible 软件中的镜像文件更新 HMI 设备上的镜像文件，如图 3-69 所示。

5）更新结束后，系统再次显示 HMI 设备的镜像版本信息，表明 OS 更新完成，如图 3-70所示。

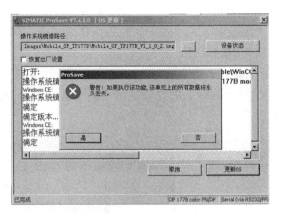

图 3-68　警告信息对话框

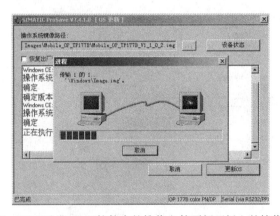

图 3-69　WinCC flexible 软件中的镜像文件更新面板上的镜像文件界

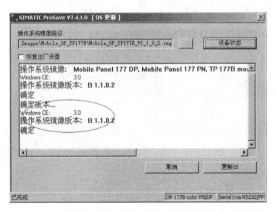

图 3-70　系统再次显示面板的镜像版本信息界面

2. 更新 HMI 设备的 OS（恢复出厂设置）

TP 177A 只能使用 PC/PPI 或 USB/PPI 电缆来进行更新 OS 操作，而 xp 177B 则只能使用 PC/PPI 电缆，其他下载电缆不支持带恢复出厂设置的 OS 更新操作，执行恢复出厂设置的 OS 更新操作步骤如下。

（1）建立组态计算机和 HMI 设备的连接。选用正确的电缆连接计算机和 HMI 设备，确定计算机同 HMI 设备的连接设定方式（同下载时的操作是完全一样的）。

（2）WinCC flexible 软件中的设置。

1）打开 WinCC flexible 软件，建立 xP 177x 新项目或者打开已有 xP 177x 项目，此处必须保证软件中的设备类型和实际使用的设备类型相同。选择"项目"->"传送"->"传送设置"如图 3-71 所示。

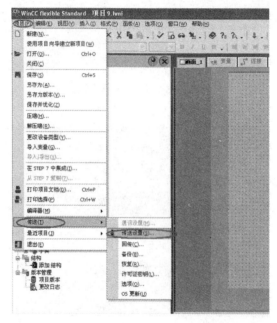

图 3-71　选择"项目""传送""传送设置"对话框

2）在弹出的图 3-72 所示的对话框中进行"传送设置"。

图 3-72　选择设备进行传送话框

3）"传送设置"完成后，进入"项目"-> "传送"-> "OS 更新（U）"，如图 3-73 所示。

4）系统弹出对话框，如图 3-74 所示，会看到"恢复出厂设置"的选项，如果无法看到该选项选择框，那么应确认是否选择下载模式为"RS232/PPI 多主站电缆"（对所有 xP 177x）或"USB/PPI 多主站电缆"（仅对 TP 177A），如果是其他模式，则看不到该选项框。勾选后，不要做任何的操作。

保持计算机与 HMI 设备的串口电缆连接，同时关闭 HMI 设备的电源，即断电。HMI

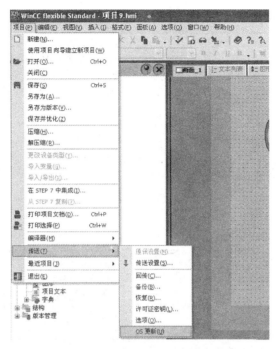

图 3-73　"项目""传送""OS更新（U）"对话框

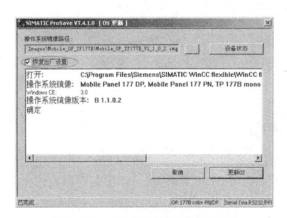

图 3-74　"恢复出厂设置"对话框

设备断电后，点击图 3-74 中的"更新 OS"按钮。

5）此时系统将弹出对话框，显示"请引导 HMI 设备…"，如图 3-75 所示，看到该对话框后，立即给 HMI 设备恢复电源，即上电，稍作等待后，将看到图 3-76 所示的内存清除进程对话框。

6）内存清除后，开始下载数据，如图 3-77 所示。

7）20～30min 后，弹出图 3-78 所示的提示框，再次提示"请引导 HMI 设备…"，此时需要再次重新启动 HMI 设备。HMI 设备重新启动后，OS 更新完成，此时可以关闭 OS 更新对话框。

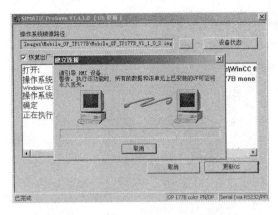

图 3-75 "请引导 HMI 设备…"对话框

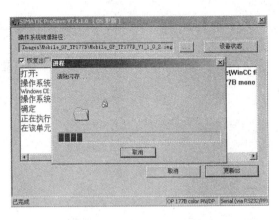

图 3-76 清除进程对话框

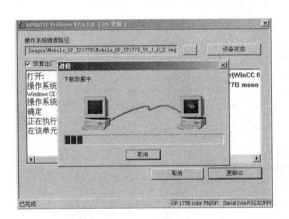

图 3-77 开始下载数据界面

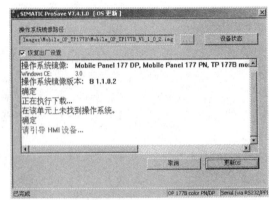

图 3-78 提示"请引导 HMI 设备…"对话框

3.3.3 HMI 监控系统的设计

HMI 监控系统的设计步骤如下。

1)新建 HMI 监控项目。在 WinCC flexible 组态软件中创建一个 HMI 监控项目。

2)建立通信连接。建立 HMI 设备与 PLC 之间的通信连接,HMI 设备与组态 PC 机之间的通信连接。

3)定义变量。在 WinCC flexible 中定义需要监控的过程变量。

4)创建监控画面。绘制监控画面,组态画面中的元素与变量建立连接,实现动态监控生产过程。

5)编辑报警消息。编辑报警消息,组态离散量报警和模拟量报警。

6)组态配方。组态配方以快速适应生产工艺的变化。

7)用户管理。分级设置操作权限。

1. 建立一个 WinCC flexible 项目

(1)启动 WinCC flexible,"SIMATIC"->"WinCC flexible 2007"->"WinCC flexible",如图 3-79所示,显示新建 WinCC flexible 项目对话框。

在 WinCC flexible 项目中,最多可以组态 8 个 HMI 设备。组态数据如下。

图 3-79　启动 WinCC flexible

1）过程画面。显示过程。

2）变量。运行时在 PLC 和 HMI 设备之间传送数据。

3）报警。运行时显示运行状态。

4）记录。保存过程值和报警。

与项目相关的所有数据都存储于 WinCC flexible 的数据库中。组态项目类型如下。

1）单用户项目。组态单个 HMI 设备的项目。

2）多用户项目。组态多个 HMI 设备的项目。

3）在不同 HMI 设备上使用的项目。

（2）新建 WinCC flexible 项目对话框如图 3-80 所示，"项目"-〉"新建"-〉"使用项目向导创建一个新项目，显示"设备选择"对话框。

（3）设备选择对话框如图 3-81 所示，选择 TP 177B color PN/DP，点击"确定"按钮，显示项目组态界面。

（4）项目组态界面如图 3-82 所示，在项目组态界面中进行监控画面设计。

2. 传送设置

1）在"项目"菜单-〉"传送"-〉单击"传输"按钮或"工具栏"按钮，系统即弹出如图 3-83 所示的传送窗口。

2）传送模式及波特率选择，在图 3-83 所示窗口中选择传送模式为串行，选择波特率为 115 200bit/s。

（1）以太网传送设置。

1）在组态 PC 机侧设置网络连接中的 TCP/IP 属性；如图 3-84（a）所示，HMI 设备侧设置"Control Panel"-〉"Network Cofiguration"-〉"Onboard LAN EthernetDriver"的 Specify an IP adress 属性，如图 3-84（b）、（c）所示，确保两者在相同的 LAN 网并重

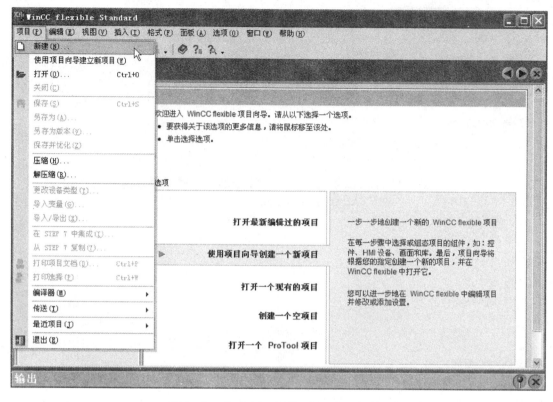

图 3-80　新建 WinCC flexible 项目对话框

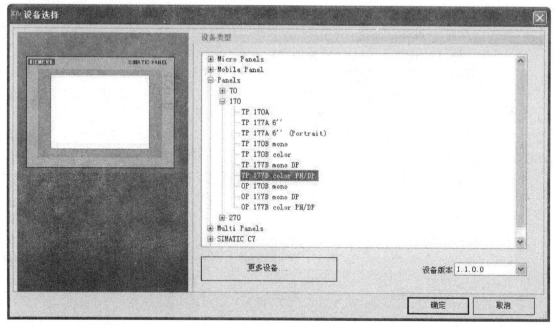

图 3-81　设备选择对话框

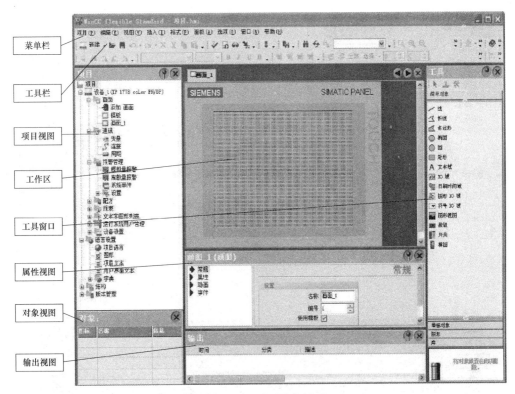

图 3 - 82　项目组态界面

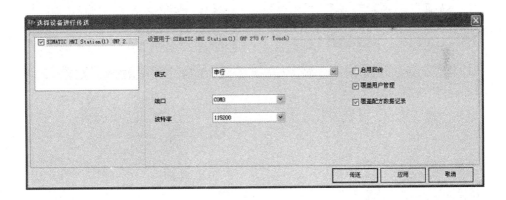

图 3 - 83　选择传送窗口

启 HMI 设备。

2）在 HMI 屏上选择"Control Panel"-〉"Transfer Settings"属性页"Channel 2"中的 ETHERNET 并选择使能该通道，如图 3 - 85（a）所示，设置结束后单击 ← 按钮，弹出如图 3 - 85（b）所示的传送界面，选择以太网传输模式并输入 HMI 设备的 IP 地址。

3）以太网传送进程。单击图 3 - 85（b）中的"传送"按钮，HMI 屏将弹出如图 3 - 86 所示的建立设备连接窗口（a）、连接进程（b）、连接进程（c）、传送进程（d）、传送进程（e）。

（2）MPI 传送设置。

1）MPI 传送组态。在 Step 7 MPI 组态中分别将 S7 站点及 HMI 设备连接到 MPI 网络，

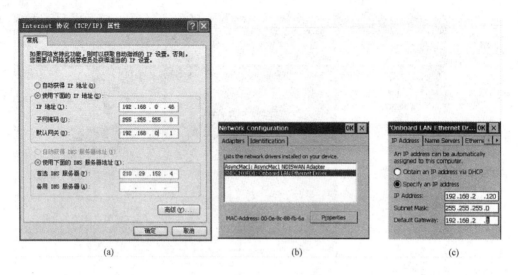

图 3-84　以太网传送设置

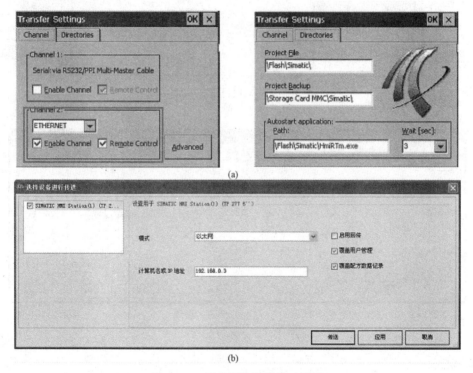

图 3-85　以太网传送设置对话框

如图 3-87 所示，其中 HMI 设备的 MPI 地址为 1，并在两者间建立 S7 Connection 连接。

2）MPI 传送。在 HMI 屏上选择"Control Panel"->　"Transfer Settings"属性页 1 "Channel 2"中的"MPI/DP"并选择使能该通道，如图 3-88（a）所示，应将通道 1 失效。单击"Advanced"按钮，将弹出如图 3-88（b）所示的 MPI 属性页及如图 3-88（c）所示的设置窗口，其中 Address 的 MPI 地址必须与网络组态中的 HMI 设备的 MPI 地址相同。

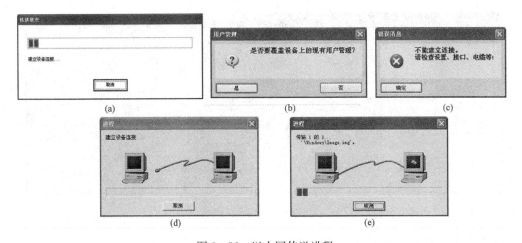

图 3-86　以太网传送进程

(a) 建立设备连接窗口；(b) 连接进程；(c) 连接进程；(d) 传送进程；(e) 传送进程

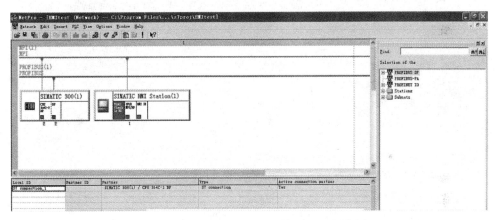

图 3-87　S7 站点及 HMI 屏连接到 MPI 网络界面

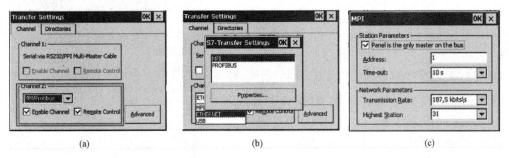

图 3-88　MPI 传送设置界面

在图 3-88（c）所示的设置窗口中，设置结束后单击 🔽 按钮，弹出如图 3-89 所示的传送界面，选择 MPI 传输模式并输入 HMI 设备的 MPI 地址。

（3）DP 传送设置。

1）DP 传送组态。在 Step7 Profibus 组态中分别将 S7 站点及 HMI 设备连接到 DP 网络，

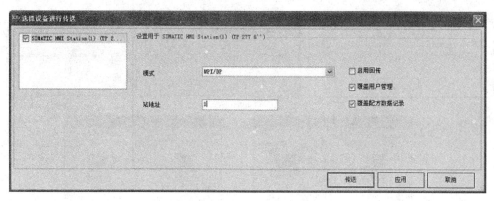

图 3-89 传送界面

其中 HMI 设备 DP 地址为 3，S7 站点 DP 及 MPI 地址均为 2，如图 3-90 所示，并在两者间建立 S7 Connection 连接。

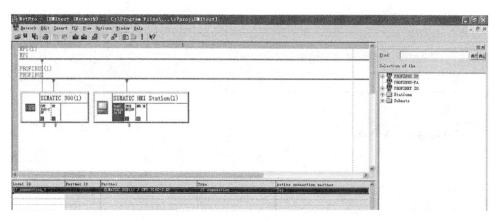

图 3-90 DP 传送组态

2）DP 传送。在 HMI 设备上选择"Control Panel"-〉"Transfer Settings"属性页"Channel 2"中的 MPI/DP，并选择使能该通道，单击"Advanced"按钮，将弹出如图 3-91 所示的"DP 属性页"，其中 Address 的 DP 地址必须与网络组态中的 HMI 设备的 DP 地址相同。设置结束后单击 按钮，弹出如图 3-92所示的传送界面，选择 MPI/DP 传输模式，并选择启用路由及相应的 Profibus 站点。

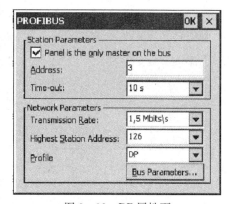

图 3-91 DP 属性页

（4）USB 传送设置。在 HMI 设备上选择"Control Panel"-〉 "TransferSettings"属性页"Channel 2"中的 USB，并选择使能该通道，设置结束后单击 按钮，弹出如图 3-93 所示的传送界面，选择 USB 传输模式。使用 PL2501 及 PL2301 芯片的主对主 USB 电缆，并安装 CD3 \ Support \ Device Driver \ USB \ Win XP 中的

USB 驱动程序。

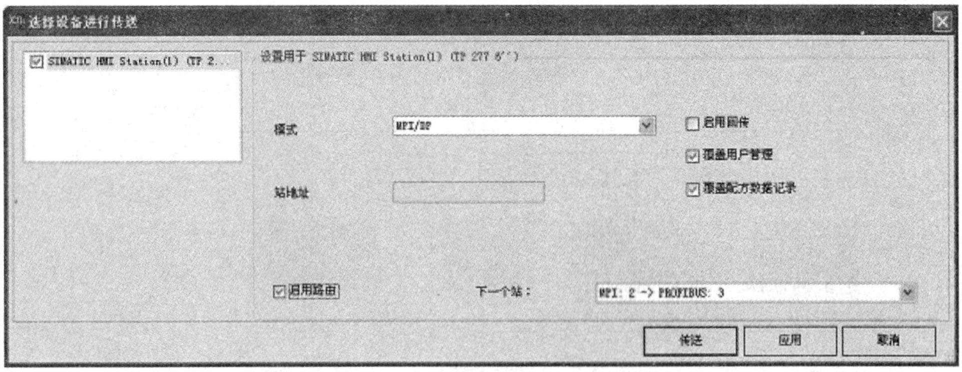

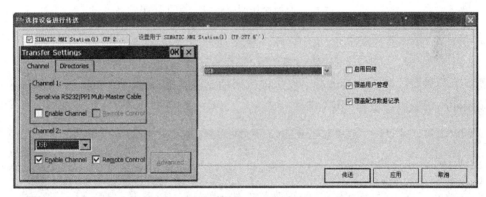

图 3-92 传送界面

图 3-93 USB 传送界面

3. 组态 Sm@rtAcess 远程控制

1）通过并列的操作员控制站（Sm@rtServer 和 Sm@rtClient）实现远程监控，如图 3-94 所示。

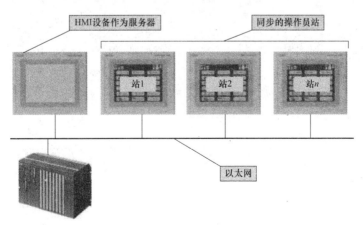

图 3-94 通过并列的操作员控制站实现远程监控

2）通过 SIMATIC HMI HTTP 协议访问组态服务器的 HMI 设备变量，如图 3-95 所示。

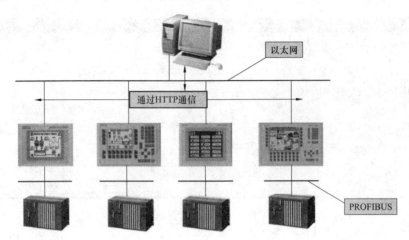

图 3-95　通过 HTTP 协议访问组态服务器的 HMI 设备变量

3）通过 Web 服务（SOAP）使用 VBA 宏实现 HMI 设备变量的数据访问。

（1）服务器组态。分布式 HMI 设备需要使用 Sm@rtAccess 选件，在设备设置的"运行时服务"下，激活"Sm@rtAccess"复选框或启动支持服务：Sm@rtServer，如图 3-96 所示。将编译后的项目传送到 HMI 设备。

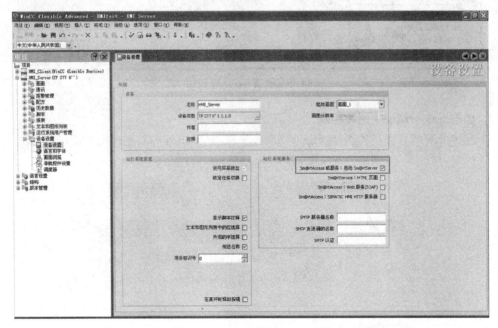

图 3-96　激活"Sm@rtAccess"复选框或启动支持服务：Sm@rtServer 界面

（2）服务器属性设置。

1）在 HMI 设备上，选中控制面板"WinCC flexible Internet Settings"的"Remote"选项卡上的"Start automatically after booting"复选框，然后单击"Change settings"，如图 3-97 所示。

2）在"Sm@rtServer：Default Local System Properties"对话框中，激活"Enable con-
nections"复选框，如图3-98所示。输入连接"密码1"和"密码2"，此密码与HMI设备
运行系统用户管理中的口令、Web Server中的用户口令无关。当激活View only复选框时，
客户端无论设置为远程控制或远程监视均只能被动浏览服务器信息。

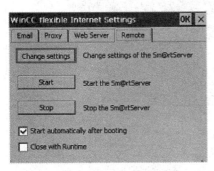 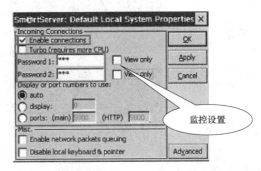

图3-97 单击"Change settings"界面　图3-98 激活"Enable connections"复选框界面

3）单击"Advanced"弹出"Sm@rtServer：Default Local System Advanced
Properties"窗口，如图3-99（a）所示，选择"Connection priority"-〉"Automatic
shared sessions"选项，并设置"Active user timeout"，如图3-99（b）所示。

4）清除"Forced write access"-〉"Password needed"复选框，以强制访问HMI设备。

5）将Sm@rtService for Panels的授权密钥传送到HMI设备上，否则将弹出如图3-99
（c）提示信息窗口。

 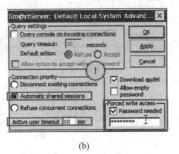 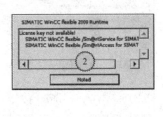

（a）　　　　　　　　　　（b）　　　　　　　　　　（c）

图3-99 Default Local System Advanced Properties窗口

（3）客户器属性设置。

1）在起始画面中插入"Sm@rt Client View"，并在属性中定义中央HMI设备的IP地
址以及在服务器上组态的"密码1"，如图3-100所示。

2）启用"Allow Menu"设置。

3）将编译后的项目下载到所有操作站。

4）将Sm@rtAccess for Panels的授权密钥传送到HMI设备上。

4. 组态Sm@rtServer远程控制（Internet Explorer）

（1）单击服务器端-〉"WinCC flexible Internet Settings"-〉"Remote"-〉"Change set-
tings"，如图3-101（a）所示，点击"Changesettings"按钮-〉"Sm@rtServer：Default
Local System Properties"-〉设置访问端口，如图3-101（b）所示，缺省设置为：5800。

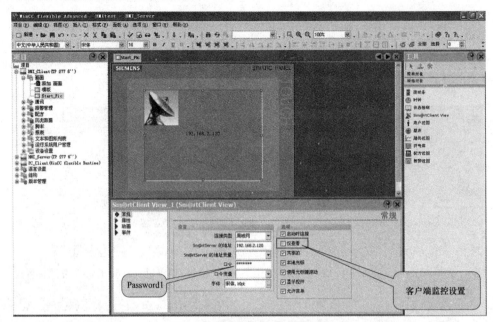

图 3-100　客户器属性设置界面

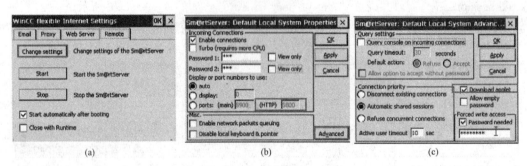

　(a)　　　　　　　　　　　　(b)　　　　　　　　　　　　(c)

图 3-101　组态 Sm@rtServer 远程控制——Internet Explorer 界面

（2）单击 Advanced 按钮，选择 "Download applet" 设置，如图 3-101（c）所示。

（3）设置 Password 密码。

（4）在 Internet Explorer 中输入远程设备的地址（由服务器名称及 HTTP 端口号组成），例如 "http：//HMI ＿ Panel：5800" 或 "http：//192.168.2.120：5800"，如图 3-102所示。

（5）在弹出窗口图 3-102（a）中输入口令并点击 "OK" 按钮，可弹出服务器监控界面（b）。

5. 组态 Sm@rtService 远程控制（Sm@rtClient）

Sm@rtClient 应用程序为远程 HMI 设备提供连接，在 Sm@rtClient 应用程序窗口中，将显示远程 HMI 设备的整个布局，并可通过鼠标执行包括功能键在内的键操作，如图 3-103所示。基于 Sm@rtService 选件的远程控制建立连接步骤如下。

（1）单击 "开始" -> "SIMATIC" -> "WinCC flexible Runtime 2008" -> "Sm@rtClient" 应用程序，弹出如图 3-104（a）所示窗口，在图 3-104（a）所示窗口中输入服务器 IP 地址。

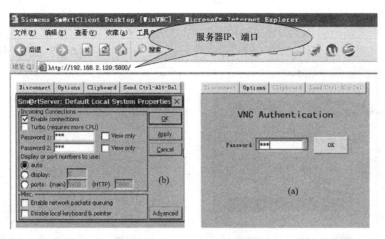

图 3－102　Internet Explorer 界面

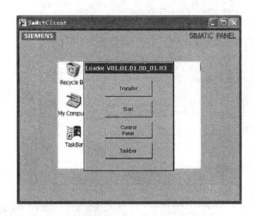 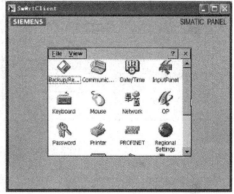

图 3－103　Sm@rtClient 应用程序窗口

（2）单击"OK"按钮，系统即弹出如图 3－104（b）所示登录界面，在图 3－104（b）所示登录界面输入服务器口令即可；或使用命令行"sm@artclient. exe192. 168. 2. 120"或包括密码的命令行"sm@artclient. exe192. 168. 0. 1/password100"。

（3）单击图 3－104（b）"OK"按钮系统即弹出如图 3－104（c）界面，点击"OK"按钮，完成基于 Sm@rtService 选件的远程控制的建立连接。

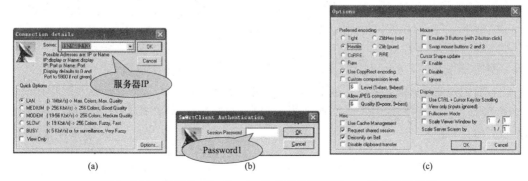

图 3－104　基于 Sm@rtService 选件的远程控制——建立连接界面

6. 触摸屏区域属性设置

单击触摸屏"控制面板"-〉"Regional Settings",系统将弹出如图 3-105(a)所示的国家、图 3-105(b)所示的数字分隔符、图 3-105(c)所示的时间格式、图 3-105(d)所示的日期格式设置选项窗口。

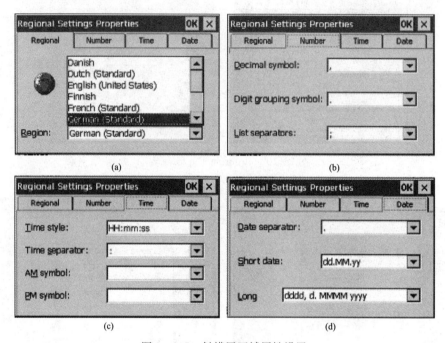

(a)   (b)

(c)   (d)

图 3-105 触摸屏区域属性设置

(1)触摸屏日期时间属性设置。单击触摸屏"控制面板"-〉 "Date/Time",系统将弹出如图 3-106所示窗口,设置当前日期与时间,时区①、年②、月③、日④、时间⑤。

(2)触摸屏系统属性。单击触摸屏"控制面板"-〉"System",系统将弹出如图 3-107 所示窗口,显示触摸屏系统的硬件资源信息①及内存设置②。

(3)触摸屏通信属性设置。单击触摸屏"控制面板"-〉 "Communication",统将弹出如图 3-108所示窗口,在 3-108(a)所示窗口中

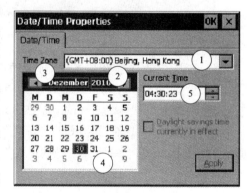

图 3-106 设置当前日前与时间窗口

可设置触摸屏设备的名称,在图 3-108(b)所示窗口中可对直接连接 PC 使能设置。

(4)触摸屏辅助属性设置。单击触摸屏"控制面板"-〉 "Password"、 "Printer"、"ScreenSaver",系统将弹出图 3-109 所示的口令设置(a)、打印属性设置(b)、屏幕保护属性设置(c)窗口。

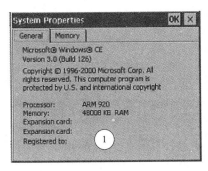 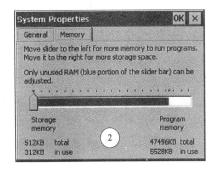

图 3-107　显示触摸屏系统的硬件资源信息及内存设置窗口

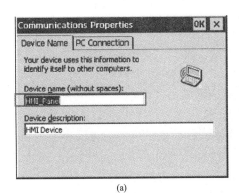

(a)

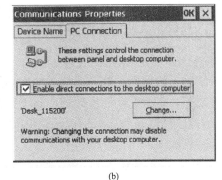

(b)

图 3-108　触摸屏通信属性设置窗口

(a)

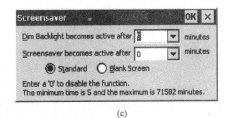

(c)

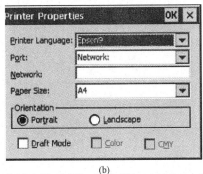

(b)

图 3-109　口令设置、打印属性设置、屏幕保护属性设置窗口

155

第 **4** 章

西门子人机界面应用中问题分析及故障处理实例

4.1 西门子人机界面检查方法及故障分类

4.1.1 西门子人机界面检查方法

（1）触摸式人机界面缺陷定义。

1）重缺陷：将使产品部分或全部丧失功能的缺陷。

2）轻缺陷：有缺陷，但不导致功能不良或丧失。

3）拉力极限值：$F=0.45\mathrm{kgf/cm}\times\mathrm{FPC}$ 邦定宽度（当 FPC 邦定宽度小于 1cm 时，拉力极限值为 0.45kgf）。

（2）触摸式人机界面检查方法。触摸式人机界面检查方法如下。

1）在日光灯（40W）下，检查触摸式人机界面表面是否有崩缺、破裂等外观不良，同时检查外围尺寸，撕开保护膜，透过灯光，检查触摸式人机界面内部是否有内污、压伤、划伤、黑点等缺陷。其中对于表面零星可搽除的污点，不列入不良。

2）对于中心对称丝印图案，要求两边图案边缘到玻璃边缘的距离差小于 0.3mm（图纸注明）。

3）在检查台面上铺上黑色热压纸，检查触摸式人机界面是否有白点等缺陷。

4）在专用测试绝缘电阻的设备上检查触摸式人机界面的绝缘电阻。

5）在专用测试仪器上检查触摸式人机界面的线性度，测量点到边距离 1.0~1.2mm。

（3）触摸式人机界面检查内容及标准。触摸式人机界面检查内容及标准见表 4-1。

表 4-1   触摸式人机界面检查内容及标准

项　　目	判定标准			缺陷分类
视区	无断笔、漏笔、串笔、无反应、笔漂等不良			重
黑/白点缺陷，点状 异物	尺寸 ϕ(mm)	ϕ30mm 范围允许缺陷数据		轻
		VA 区	VA 区以外	
	$\phi\leqslant0.15$	忽略（不允许串点）	不限	
	$0.15<\phi\leqslant0.2$	1		
	$\phi>0.2$	0		
	备注：①不允许串点；②$\phi=$（长边＋短边）/2；③在黑色热压纸上看得见的污点及在 40W 的灯光下检查到的污点；④点状异物只允许为绝缘物质			

续表

项　　目	判定标准			缺陷分类

项　　目	判定标准			缺陷分类
黑/白线缺陷，线状异物	长度 L(mm)	宽度 W(mm)	允许缺陷数据		轻
			VA 区	VA 区以外	
	不限	≤0.01	不限	不限	
	$L \leqslant 2.0$	$0.01 < W \leqslant 0.03$	2		
	$L \leqslant 1.0$	$0.03 < W \leqslant 0.05$	1		

备注：①宽度 W 超过 0.05mm 的作为点缺陷处理；②线状异物只允许为绝缘物质

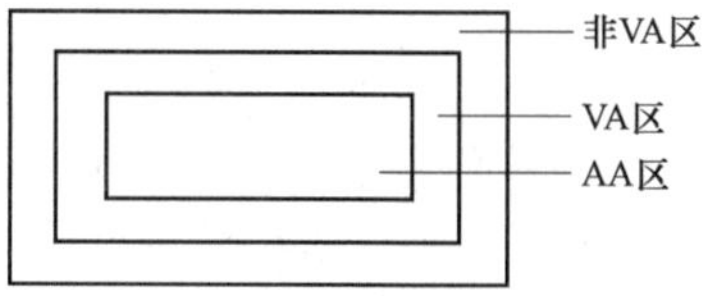

非VA区
VA区
AA区

项　　目	判定标准			缺陷分类
划伤划痕	长 L(mm)	宽 W(mm)	允许缺陷数据		轻
			触摸区	非触摸区	
	$L \leqslant 5$	$W \leqslant 0.02$	不限	不限	
	$L \leqslant 5$	$W \leqslant 0.04$	2		

玻璃缺陷

边破碎

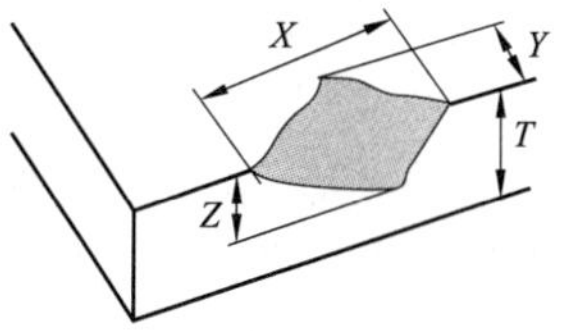

X(mm)	Y(mm)	Z(mm)	备注
≤3	≤0.5	≤T	不能进入银线电极

备注：1. 边破碎：指发生在 T/P 边缘，在不影响功能结构情况下；2. X：边缘线宽度；3. Y：边缘线长度；4. Z：边缘线厚度；5. T：底玻璃厚度

轻

角破碎

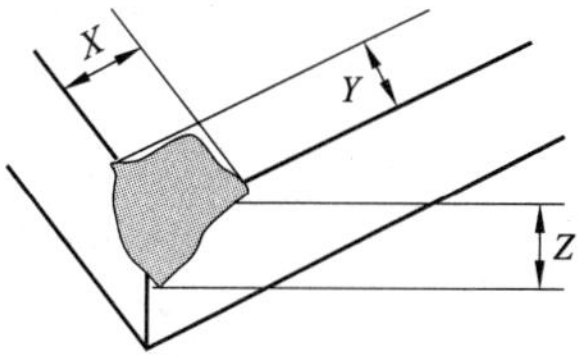

X(mm)	Y(mm)	Z(mm)	备注
≤2.5	≤0.5	≤T	不能进入银线电极

轻

裂纹

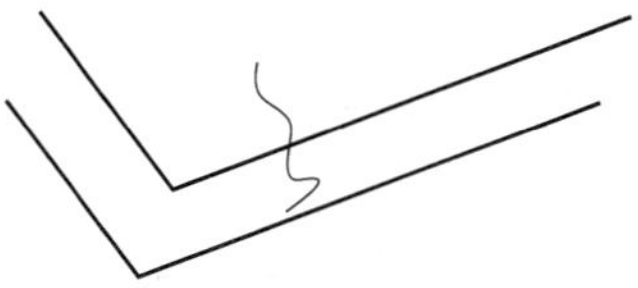

备注：不允许可能延伸的裂纹

重

项 目	判定标准				缺陷分类
	类别	允许缺陷数据		图片说明	
牛顿环	规律性	S 牛顿环 ＞ 1/9STP	不允许		轻
		S 牛顿环 ＜ 1/9STP 且点亮后，不影响文字及直线失真	允许		
	非规律性	S 牛顿环 ＞ 1/6STP	不允许		
		S 牛顿环 ＜ 1/6STP 且点亮后，不影响文字及直线失真	允许		
	备注：①S牛顿环：牛顿环面积；②STP：TP 的 VA 面积；③不论牛顿环面积大小，点亮背光后，造成文字失真或直线变形，均不允许				

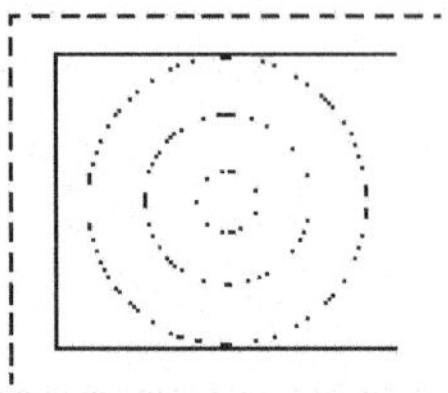

FPC 偏位	检查内容	允许缺陷数据
	FPC 金手指露出盒外	不允许
	FPC 金手指与银走线偏位	左右允许偏差小于 0.3mm

ITO FILM 与 ITO GLAS 偏位	检查内容	允许缺陷数据
	ITO FILM 与 ITO GLASH 偏位	菲林不允许超出玻璃边

漂移	检查内容	允许缺陷数据
	划写"我"字	写 A 个字，只允许出现 B 个漂移
	点击	点击 C 下，只允许出现 D 漂移

PVC（PET）	检查内容	允许缺陷数据
	图案	字体和图案清晰，字体干版以不影响字体完整性为标准，字体渗透以不影响字体辨认为标准，字体无明显变粗、变细（偏细或偏粗按小于±0.2mm 控制）现象
	毛刺	①边缘下料凹凸不平或亮边不允许；②可视区内毛刺批锋长度或直径≤0.2mm，每处距离＞10mm，不超过 2 处
	组合精度	按图纸偏差（如图纸没注明的按±0.2mm控制）
	粘胶质量	①离形纸易撕开；②粘胶平整
	材料	客户确认样品一致
	颜色	与客户确认样品颜色接近，以限度样品为准

续表

项　目	判定标准	缺陷分类
绝缘油	以样板为准，必须颜色均匀，线条整齐	
污迹	不允许（不限于水迹、酒精迹、胶迹等，点亮与光均看不见）	
FPC 拉力	FPC 与触摸屏拉力必须在拉力极限值下维持 8s 与 8s 以上	
DOT	DOT 点位置、密度、颜色等必须与样板一致	
X、Y 电极电阻值	根据规格书上电阻值范围进行判断	
FPC 位电阻	用手指压 FPC 位与没有用手指压 FPC 位电阻变化必须小于 10Ω	

4.1.2　西门子人机界面故障分类

1. 人机界面故障

人机界面故障是不期望但又是不可避免的异常工作状况，分析、寻找和排除故障是人机界面维修人员必备的实际操作技能。在人机界面的检修过程中，要在大量的元器件和线路中迅速、准确地找出故障是不容易的。一般故障诊断过程，就是从故障现象出发，通过反复测试，在综合分析的基础上做出判断，逐步找出故障。故障产生的原因很多，情况也很复杂，有的是一种原因引起的简单故障，有的是多种原因相互作用引起的复杂故障。因此，引起故障的原因是很难简单分类。

人机界面由硬件和软件两大部分构成，硬件部分的电路又由晶体管、电阻、线圈、电容器、集成电路、功率器件、连接器等组成，各电路都是由这些电子元器件组成的。检查时只要掌握其检查方法和诊断技术，就能及早发现有故障的电子元器件。

在检修过程中，即使确定了故障电路的范围，还必须进一步将电路细分到某只电子元器件的前后，再使用万用表检查各个测试点，以区分和确认具体的有故障的电子元器件。为了迅速、准确地判断故障产生的部位和原因，必须注意区分电路的测试点和测量方法。

对于使用一段时间后出现故障的人机界面，故障原因可能是元器件损坏，连线发生短路或断路（如焊点虚焊、接插件接触不良，可变电阻器、电位器、半可变电阻等接触不良，接触面表面镀层氧化等），或使用条件发生变化（如电压波动，过冷或过热的工作环境等）影响人机界面的正常运行。

对于新购买第一次使用的人机界面来说，故障原因可能是：由于人机界面在运输过程中，因震动等因素引起人机界面内的电路插件松动或脱落，连线发生短路或断路等。在人机界面的仓储过程中，由于人机界面内元器件或电路板受潮等因素引起的元器件失效，由于使用人员未能按人机界面的使用操作步骤操作而导致的故障，也有因人机界面在出厂前装配和调试时，部分存在质量问题的元器件未能检出，而影响人机界面的正常运行。人机界面故障无论是发生在线路上，还是发生在电子元器件上，一般都是由短路或断路原因引起，其现象与产生的原因有：

（1）短路故障。当电路局部短路时，电路因短路而失效，电路的电阻小，而产生极大的短路电流，导致电源过载，导线绝缘烧坏。如电源"＋"、"－"极的两根导线直接接通；电源未经过负载直接接通；绝缘导线被破坏，并相互接触造成短路；接线螺丝松脱造成与线头相碰；接线时不慎，使两线头相碰；导线头碰触金属部分等。

（2）断路故障。对于断路的电路，在电路断点之后没有电源，所以电源到负载的电路中某一点中断时，电流不通。故障原因有线路折断、导线连接端松脱、接触不良等。

2. 人机界面故障分类

（1）按故障的性质分类。

1）系统性故障。系统性故障是指只要满足一定的条件则一定会产生的确定性的故障，确定性故障是指人机界面中的硬件损坏或只要满足一定的条件，人机界面必然会发生的故障。这一类故障现象在人机界面运行中较为常见，但由于它具有一定的规律，因此也给维修带来了方便。确定性故障具有不可恢复性，故障一旦发生，如不对其进行维修处理，人机界面不会自动恢复正常，但只要找出发生故障的根本原因，维修完成后人机界面立即可以恢复正常。正确的使用与精心维护是杜绝或避免系统性故障发生的重要措施。

2）随机性故障。随机性故障是指人机界面在工作过程中偶然发生的故障。此类故障的发生原因较隐蔽，很难找出其规律性，故常称之为"软故障"。随机性故障的原因分析与故障诊断比较困难，一般而言，故障的发生往往与部件的安装质量、参数的设定、元器件的品质、软件设计不完善、工作环境的影响等诸多因素有关。随机性故障有可恢复性，故障发生后，通过重新开机等措施，通常可恢复正常，但在运行过程中，又可能发生同样的故障。加强人机界面的维护检查，确保电气设备可靠的安装、连接，正确的接地和屏蔽是减少、避免此类故障发生的重要措施。

（2）按故障出现时有无指示分类。按故障出现时有无指示分为有诊断指示故障和无诊断指示故障。当今人机界面都设计有完善的自诊断程序，实时监控整个系统的软、硬件性能，一旦发现故障则会立即报警、LED 指示或者还有简要文字说明在液晶屏幕上显示出来，结合系统配备的故障诊断手册不仅可以找到故障发生的原因、部位，而且还有排除的方法提示。人机界面制造者也会针对具体人机界面设计有相关的故障指示及诊断说明书。结合显示的故障信息加上人机界面上的各类指示灯使得绝大多数故障的排除较为容易。

无诊断指示的故障一部分是人机界面故障诊断程序存在不完整性所致，这类故障则要分析产生故障前的工作过程和故障现象及后果，并依靠维修人员对人机界面的熟悉程度和技术水平加以分析、排除。

人机界面的故障显示可分为指示灯显示与显示器显示两种情况。

1）指示灯显示报警。指示灯显示报警是指通过人机界面的状态指示灯（一般由 LED 发光管或小型指示灯组成）显示报警信息。根据人机界面的运行状态指示灯、故障状态指示灯，可大致分析判断出故障发生的部位与性质。因此，在维修、排除故障过程中应认真检查这些状态指示灯的状态。

2）显示器显示报警。显示器显示报警是指可以通过显示器显示故障报警信息，由于人机界面一般都具有较强的自诊断功能，如果人机界面的诊断软件以及显示电路工作正常，一旦系统出现故障，就可以在显示器上以报警符号及文本的形式显示故障信息。人机界面能显示的报警信息是故障诊断的重要信息。

（3）按故障产生的原因分类。按产生故障的原因可分为自身故障和外部故障，这也是按照相对于故障所发生的位置来分类的方法。

1）人机界面自身故障。人机界面自身故障是由于自身产生的故障，这类故障的发生是由于人机界面自身的原因所引起的与外部使用环境条件无关。人机界面发生的大多数故障均属此类故障。

2) 人机界面外部故障。外部故障是指与人机界面相关的外部器件性能改变及环境条件变化，而引发的故障，如外界的电磁干扰、环境温度过高；有害气体、潮气、粉尘侵入、外来振动等引起人机界面故障。

（4）按故障发生的部位分类。以人机界面故障发生的部位分为硬故障和软故障。硬故障是指人机界面硬件的物理损坏：一是人为和环境原因，如环境恶劣、供电不良、静电破坏或违反操作规程等原因造成；二是人机界面构件原因，如元器件、接触插件、印刷电路、电线电缆等损坏造成，这是需要维修甚至更换才可排除的故障。

软故障是指由于软件系统错误而引发的故障。常见的软故障有程序错误、操作失误，以及设置错误和盲目操作等。软件故障需要输入或修改某些数据甚至修改程序方可排除的故障。

（5）按故障出现时有无破坏性分类。按故障出现时有无破坏性分为破坏性故障和非破坏性故障。破坏性故障是指人机界面以及电子线路由于自身缺陷或环境影响而使电子元器件功能丧失无法正常的工作。此类故障大多无法通过简单的方法修复或者根本无法修复，对于此类故障需要进行更换，对于破坏性故障，维修时不允许重演，这时只能根据产生故障时的现象进行相应的检查、分析来排除，技术难度较高且有一定风险。并且一定要将产生故障的原因查出排除后，才能更换损坏的电子元器件，进行必要的测试后，人机界面才能上电运行。

（6）按故障产生原因分类。人机界面故障按故障产生原因分为使用性故障和元器件故障。使用性故障是指因为操作人员操作不当或错误操作引起的故障，这种故障一般要求操作人员通过人机界面帮助系统引导学会正确的使用人机界面。

元器件故障一般为电子元器件本身有质量缺陷所导致，在这里应当指出的是，在人机界面需要更换电子元器件时，应该确定所用电子元器件的电气规格参数准确无误，保证产品完好无损。

（7）按显性和隐性故障分类。显性故障是指故障部位有明显的异常现象，即明显的外部表征，很容易被人发现。此类故障可以通过看、闻、听等的人为察觉来判断，比如器件被烧毁时会冒烟，闻有烧焦的味道、有放电声和放电痕迹等。

而隐性故障是指故障部位没有明显的异常，即无明显的外部特征，无法通过主观判断出故障部位，一定要借助一定的辅助手段，如仪表仪器等，而有一些则需要依赖于一定的工作经验来判别。隐性故障的查找往往需要花费很长的时间和精力，并要根据电路系统原理来分析和判断。

（8）按人机界面发生故障或损坏的特征分类。根据人机界面发生的故障或损坏的特征一般可分为两类：一种是在运行中频繁出现的自动停机现象，并伴随着一定的故障信息显示，可根据人机界面随机说明书上提供的方法进行处理和解决，这类故障一般是由于人机界面运行参数设定不合适，或外部工况、条件不满足人机界面使用要求所产生的一种保护动作现象；另一类是由于使用环境恶劣，高温、导电粉尘引起的短路，潮湿引起的绝缘降低或击穿等突发故障（严重时，会出现打火、爆炸等异常现象）。这类故障发生后，先对人机界面解体检查，重点查找损坏件，根据故障发生区域，进行清理、测量、更换，然后全面测试，再恢复运行，并对人机界面进行综合性能测试，判断故障是否排除，以达到排除故障的目的。

（9）按故障影响范围和程度分类。按故障影响范围和程度分为以下几类。

1) 全局性故障，是指影响到整个系统正常工作的故障。

2) 相关性故障，是指某一故障与其他故障之间有着因果或关联关系。

3) 局部性故障，是指故障只影响了系统的某一项或几项功能。

4) 独立性故障，特指某一元器件发生的故障。

如电源熔断器熔体熔断，使设备不能启动则属全局性故障，而造成原因可能是相关的某一部件短路，即故障的相关性。

（10）按故障发生的时间、周期分类。按故障发生的时间、周期分为固定性故障和暂时性故障。

1) 固定性故障是指故障现象稳定，可重复出现，其原因主要是由于开路、短路、元器件损坏或某一元器件失效引起。

2) 暂时性故障是指故障的持续时间短、工作状态不稳定、时好时坏的现象，其造成原因可能是元器件性能下降或接触不良等引起的。

4.2 西门子人机界面维修流程及故障诊断技术

4.2.1 西门子人机界面维修流程

在人机界面使用过程中会遇到人机界面因出现故障而不能使用的情况。由于人机界面是一种比较精密的设备，加之人机界面使用频率高、使用人员素质良莠不齐，从而造成其故障频繁出现。

引发人机界面故障可能只是某一个电子元器件，而对于维修者最重要的就是找到故障的电子元器件，需要进行检查、测量后进行综合分析做出判断，才能有针对性地处理故障，尽量减少无用的拆卸，尤其是要尽量减少使用电烙铁的次数。除了经验，掌握正确的检查方法是非常必要的。正确的方法可以帮助维修者由表及里，由繁到简，快速地缩小检测范围，最终查出故障并适当处理而修复。人机界面维修流程框图如图4-1所示。

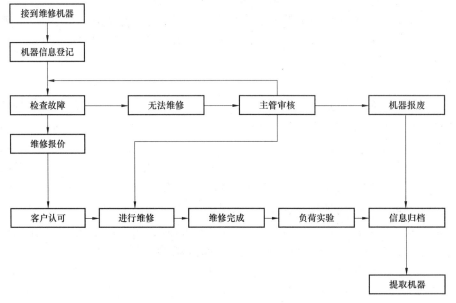

图4-1 维修流程框图

1. 人机界面维修过程

从维修人机界面的经验来看，人机界面的维修过程就是寻找相应故障点的过程。在维修过程中应该坚持以人为主，设备为辅的原则，充分发挥人的主观能动性，降低维修成本，从故障现象入手，分析电路原理、时序关系、工作过程，找出各种可能存在的故障点，然后借助一些维修检测设备，确定故障点，确定故障元器件，（包括定性与定量指标），然后寻找相应的器件进行替换，使设备恢复其固有的性能指标。人机界面维修过程包括以下几个方面。

（1）询问用户人机界面的故障现象，包括故障发生前后外部环境的变化。

（2）根据用户的故障描述，分析可能造成此类故障的原因。

（3）打开被维修的设备，确认被维修人机界面的程序，分析维修恢复的可行性。

（4）根据被损坏器件的工作位置，通过分析电路工作原理，从中找出损坏器件的原因，以及一些相关的电子电路。

（5）寻找相关的器件进行替换。

（6）在确定所有可能造成故障的所有原因都排除的情况下，通电进行测试，在做这一步的时候，一般要求所有的外部条件都必须具备，并且不会引起故障的进一步扩大化。

（7）在人机界面工作正常的情况下，就可以进行人机界面的系统测试。

2. 维修人员的素质条件

人机界面是一种综合应用了计算机技术、自动控制技术、精密测量技术的高技术含量产品，其系统结构复杂，因此，对人机界面维修人员素质、维修资料的准备、维修仪器的使用等方面提出了比普通电器维修更高的要求，维修人员的素质直接决定了维修效率和效果，为了迅速、准确判断故障原因，并进行及时、有效的处理，排除人机界面故障，作为人机界面的维修人员应具备以下方面的基本条件。

（1）具有较广的知识面。人机界面维修的第一步是要根据故障现象，尽快判别故障的真正原因与故障部位，这一点既是维修人员必须具备的素质，但同时又对维修人员提出了很高的要求。它要求人机界面维修人员不仅仅要掌握电子、电气两个专业的基础知识和基础理论，而且还应该熟悉人机界面的结构与设计思想，熟悉人机界面的性能，只有这样，才能迅速找出故障原因，判断故障所在。此外，维修时为了对某些电路与元器件进行测试，作为维修人员还应当具备一定的测量技能。要求人机界面维修人员学习并基本掌握有关人机界面基础知识，如计算机技术、模拟与数字电路技术、自动控制技术，学习并掌握各种人机界面维修中常用的仪器、仪表和工具的使用方法。

（2）善于思考。人机界面的结构复杂，各部分之间的联系紧密，故障涉及面广，而且在有些场合，故障所反映出的现象不一定是产生故障的根本原因。作为维修人员必须从人机界面的故障现象，通过分析故障产生的过程，针对各种可能产生的原因，由表及里，透过现象看本质，迅速找出发生故障的根本原因并予以排除。通俗地讲，人机界面的维修人员从某种意义上说应"多动脑，慎动手"，切忌草率下结论，盲目更换元器件，特别是人机界面的模块及印刷电路板模块。

（3）重视总结积累。人机界面的维修速度在很大程度上要依靠维修人员的素质和平时经验的积累，维修人员遇到过的问题、解决过的故障越多，其维修经验也就越丰富。人机界面虽然种类繁多，性能各异，但其基本的工作过程与原理却是相似的。因此，维修人员在解决了某一故障以后，应对维修过程及处理方法进行及时总结、归纳，形成书面记录，以供今后同类故障维修时参考。特别是对于自己一时难以解决，最终由同行技术人员或专家维修解决的问题，尤其应该细心观察，认真记录，如此日积月累，以达到提高自身水平与素质的目的，在不断的实际维修实践中提高分析能力和故障诊断技能。

（4）善于学习。人机界面维修人员应经过良好的技术培训，不断学习电子技术基础理论知识，尤其是针对具体人机界面的技术培训，首先是参加相关的培训班和人机界面安装现场的实际培训，然后向有经验的维修人员学习，更重要的是更长时间的自学。作为人机界面维修人员不仅要注重分析与积累，还应当勤于学习，善于思考。人机界面说明书内容通常都较多，有操作、编程、连接、安装调试、维修手册、功能说明等。这些手册资料要在实际维修时，全面、系统地学习。因此，作为维修人员要了解人机界面的结构，并根据实际需要，结合维修资料，去指导维修工作。

（5）具备外语基础与专业外语基础。虽然目前国内生产人机界面的厂家已经日益增多，但人机界面的关键器件还是主要依靠进口，其配套的说明书、资料往往使用原文资料，人机界面的报警文本显示亦以外文居多。为了能迅速根据系统的提示与人机界面说明书中所提供信息，确认故障原因，加快维修进程，作为一个维修人员，最好能具备一定的专业外语的阅读能力，提高外语水平，以便分析、处理问题。

（6）能熟练操作人机界面和使用维修仪器。人机界面的维修离不开实际操作，特别是在维修过程中，维修人员通常要进行一般人机界面操作者无法进行的特殊操作方式，例如，进行人机界面参数的设定与调整，通过计算机及软件联机调试，利用人机界面自诊断技术等。因此，从某种意义上说，一个高水平的维修人员，其操作人机界面的水平应比一般操作人员更高、更强。

（7）具有较强的动手能力。动手能力是人机界面维修人员必须具备的素质。但是，对于维修人机界面这类高技术设备，动手前必须有明确目的、完整的思路、细致的操作。动手前应仔细思考、观察，找准入手点，在动手过程中更要做好记录，尤其是对于组件的安装位置、导线号、人机界面参数、调整值等都必须做好明显的标记，以便恢复。维修完成后，应做好"收尾"工作，例如，将人机界面罩壳、紧固件安装到位；将电线、电缆整理整齐等。

在人机界面维修时，应特别注意人机界面中的某些电路板是需要电池保持参数的，对于这些电路板切忌随便插拔；更不可以在不了解元器件作用的情况下，随意调换人机界面中的器件、设定端子；不可以任意调整电位器位置，任意改变设置参数，以避免产生更严重的后果。要做好维修工作，必须掌握科学的方法，而科学的方法需在长期的学习和实践中总结提高，从中提炼出分析问题、解决问题的科学的方法。

3. 技术资料的要求

技术资料是维修工作的指南，它在维修工作中起着至关重要的作用，借助于技术资料可以大大提高维修工作的效率与维修的准确性。一般来说，对于人机界面故障的维修，在理想状态下，应具备以下技术资料：

（1）人机界面使用说明书。它是由人机界面生产厂家编制并随人机界面提供的随机资料。人机界面使用说明书通常包括以下与维修有关的内容。

1）人机界面的操作过程和步骤。

2）人机界面及主要部件的结构原理示意图。

3）人机界面安装和调整的方法与步骤。

4）人机界面电气控制原理图。

5）人机界面使用的特殊功能及其说明等。

（2）人机界面的操作使用手册。它是由人机界面生产厂家编制的人机界面使用手册，通常包括以下内容。

1）人机界面技术参数、使用条件说明。

2）人机界面的具体操作步骤（包括手动、自动调试运行等方式的操作步骤，以及程序、参数等的输入、编辑、设置和显示方法）。

3）系统调试、维修用的大量信息，例如，"人机界面参数"的说明、报警的显示及处理方法，以及系统的连接图等。它是维修人机界面中必须参考的技术资料之一。

（3）人机界面参数清单。它是由人机界面生产厂家根据人机界面的实际情况，对人机界面进行的设置与调整所需的技术参数。它不仅直接决定了系统的配置和功能，而且也关系到人机界面的性能和应用，因此也是维修人机界面的重要依据与参考。在维修时，应随时参考"人机界面参数"的设置情况来调整、维修人机界面，特别是在更换人机界面器件时，一定要记录人机界面的原始设置参数，以便人机界面功能的恢复。

（4）人机界面的功能说明。该资料由人机界面生产厂家编制，功能说明书不仅包含了比原理图更为详细的人机界面各部分之间连接要求与说明，而且还包括了原理图中未反映的信号功能描述，是维修人机界面，尤其是检查电气接线的重要参考资料。

（5）维修记录。这是维修人员对人机界面维修过程的记录与维修工作总结。最理想的情况是：维修人员应对自己所进行的每一步维修都进行详细的记录，不管当时的判断是否正确，这样不仅有助于今后进一步维修，而且也有助于维修人员的经验总结与水平提高。

4. 物质条件

（1）必要的通用人机界面的电子元器件备件。

（2）人机界面常备电子元器件应做到采购渠道快速、畅通。

（3）必要的维修工具、仪器仪表等，并配有装有必要的维修软件的笔记本电脑。

（4）完整的人机界面技术图样和资料。

（5）人机界面使用、维修技术档案材料。

4.2.2 西门子人机界面故障诊断技术与维修原则

1. 人机界面故障诊断技术

所谓人机界面的"故障诊断"，简单地说就是查找引发人机界面故障的原因，如果要从一批类型各异，但相互孤立的电子元器件中，挑出失效或不合格的元器件，简单而又直接的办法是逐一进行测试检查。如果这批元器件都是以锡焊的方式，被固定在印刷电路板上，相互之间形成了电气关联关系，由于电路中的元器件总数很多，显然不可能、也没有必要将每个元器件都拆下来测试检查。一般是把整个电路看成一个整体，通过一系列的检查、分析、测试、判断，查找出故障的元器件。

在人机界面故障诊断中的基本环节包括了检查、分析、检测、判断。实际上检查的目的是为了分析奠定基础，而分析的目的就是要做出判断，因此也可以认为故障诊断包括检查、分析和检测3个基本环节。故障诊断的过程是一个检查、分析与检测交错进行、循环往复、逐次逼近故障点的过程，故障诊断流程图如图4-2所示。

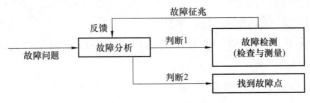

图 4-2 故障诊断流程图

人机界面故障诊断需要涉及系统的分析方法和使用专业的检测手段，为此学习人机界面故障诊断技术，可以从检查、分析、检测 3 个基本环节入手，重点掌握具有共性的基本技术手段和方法。

在人机界面故障诊断过程中，少数一些电子元器件的故障情况，仅凭借外观检查就可以发现。在实际故障诊断工作中，经常也有通过"直观法"解决故障诊断问题。但是，这种情况带有偶然性，不具备故障分析的普遍意义。

人机界面设计和制造技术的发展，使得人机界面的种类越来越多，功能愈趋完善，结构愈趋复杂。相对而言，对人机界面故障诊断问题的分析研究却落后了许多。目前的情况是：对于人机界面的制造环节中，解决生产线上成批量的成品人机界面，或半成品部件的故障诊断问题，有了多种比较成熟的方法，已有一些商品化的诊断设备。而对于人机界面维修所面临的是零散送修的故障人机界面，由于机型繁杂、不成批量，且故障情况多变，因此较难解决。大多数情况下仍沿用传统的方法，在检查、分析方法和检测技术方面一直都没有本质的进步。

尤其对于模拟电路的故障诊断，由于电路本身非线性，以及电路组态多样性等特点，大大增加了故障诊断的难度。虽然数字化技术的发展，使得各种数字电路在人机界面电路中所占比例在逐步增加，但是人机界面中的模拟量输入/输出的接口部分、电源电路部分等，都不可能完全被数字化。恰恰就是这些不能被数字化的电路具有较高的故障发生概率。因此，模拟电路的故障诊断问题，始终是人机界面故障诊断中的难点和重点。

人机界面故障诊断是一门综合性技术，涉及多方面的知识和技术，除了要掌握人机界面组成的基本原理、电工电子学知识、元器件特性外，还涉及电子测量技术。更重要的是，人机界面故障诊断实际上是一个分析过程，具有一系列独特的思维方法，该方法以系统科学和逻辑学为基础，具有自身的规律性和系统性。

人机界面故障诊断是一个从已知探询未知的过程，因此也是一个科学研究的过程。它始于已知的故障现象，止于找到未知的故障部位（故障点），整个过程一般需要经过收集信息、分析研究、推理判断、参数测试、实测验证等环节。因此，掌握人机界面故障诊断方法，并且经常进行各种人机界面的故障诊断实践工作，其价值不仅仅是修复了几台人机界面，更重要的是能够提高检修人员自身的思维能力，学会观察、分析、判断的科学方法，培养良好的思维习惯和百折不挠的探索精神。

2. 人机界面维修的原则

人机界面故障的检查、分析与诊断的过程也就是故障的排除过程，一旦查明了原因，故障也就几乎等于排除了。因此，故障分析诊断的方法也就变得十分重要了。故障的检查与分析是排除故障的第一阶段，是非常关键的阶段，主要应做好以下工作：

（1）熟悉电路原理，确定检修方案。当人机界面发生故障时，不要急于动手拆卸，首先要了解该人机界面产生故障的现象、经过、范围、原因。熟悉该人机界面构成的基本工作原理，分析各个具体电路。弄清电路中各级之间的相互联系及信号在电路中的来龙去脉，结合实际经验，经过周密思考，确定一个科学的检修方案。并要向送修人员了解故障发生前后的情况，故障发生时是否有异常声音和振动，有没有冒烟、冒火等现象。

（2）先分析思考，后着手检修。对故障人机界面的维修，首先要询问产生故障的前后经过及故障现象，根据用户提供的情况和线索，再认真地对电路进行分析研究（这一点对初学者尤其重要），弄通弄懂人机界面电路原理和元器件的作用，做到心中有数，有的放矢。

在到现场处理人机界面故障时，首先应要求尽量保持现场故障状态，不做任何处理，这样有利于迅速、精确地分析故障原因。同时仔细询问故障指示情况、故障现象及故障产生的背景情况，依此作出初步判断，以便确定现场排除故障的方案。

在现场处理人机界面故障，首先要验证操作者提供的各种情况的准确性、完整性，从而核实初步判断的准确度。由于操作者的水平，对故障状况描述不清甚至完全不准确的情况不乏其例，因此不要急于动手处理，应仔细调查各种情况，以免破坏了现场，使排除故障的难度增加。

根据已知的故障状况分析故障类型，从而确定排除故障原则。由于大多数故障是有指示的，所以一般情况下，对照人机界面配套的诊断手册和使用说明书，可以列出产生该故障的多种可能原因。

对多种可能的原因进行排查，从中找出本次故障的真正原因，是对维修人员对该人机界面熟悉程度、知识水平、实践经验和分析判断能力的综合考验。有的故障的排除方法可能很简单，有些故障则往往较复杂，需要做一系列的准备工作，例如，工具仪表的准备、局部的拆卸、零部件的修理、元器件的采购甚至排除故障计划步骤的制定等。

维修前应了解故障发生时的情况，比如电源电压是否稳定、有无碰撞、是否受潮湿、有无异味异响等情况，根据获得的信息进行故障的初步判断，以做到心中有数。在准备拆机前，可先检查一下电源端电压是否正常，接着可检查一下人机界面面板的按键是否正常、有无明显的迟钝无力现象。最后应记录人机界面的型号、使用年限、环境条件等。

引发人机界面故障的原因可能是多方面的，而故障的现象，发生的时间也可能是不确定的。发现一个故障，首先应分析其可能产生的原因，并列出有关范围，寻找相关范围的技术资料作为理论引导。对于比较生疏有故障的人机界面，不应急于动手，应先熟悉电路原理和结构特点，遵守相应规则。拆卸前要充分熟悉每个电气部件的功能、位置、连接方式以及与周围其他器件的关系，在没有组装图的情况下，应一边拆卸，另一边画草图，并记上标记。

（3）先外部后内部。应先检查人机界面有无明显裂痕、缺损，了解其维修史、使用年限等，并应先检查人机界面的外围电路及电子元器件，特别是人机界面外部的一些开关、按键位置是否得当，外部的引线、插座有无断路、短路现象等。当确认人机界面外部供电正常时，再对人机界面内部进行检查。拆前应排除外部故障因素，并列出产生内部故障的可能因素，在确定为人机界面内故障后才能拆卸，否则，盲目拆卸，可能将故障进一步扩大。只有在排除外部电源、连线故障等原因之后再着手进行内部的检修，才能避免不必要的拆卸。打开人机界面后，仔细检查一下内部元器件有无损伤、击穿、烧焦、变色等明显的故障。其次可重点检查一下元器件有无脱离、虚焊、机内连线是否松动。

在进行电路板检测时，如果条件允许，最好采用一块与待修板一样的好电路板作为参照，然后使用测量仪表检测相关参数对两块板进行对比，开始的对比测试点可以从电路板的端口开始，然后由表及里进行检测对比，以判断故障部位。

（4）先简单后复杂。检修故障要先用最简单易行、自己熟练的方法去处理，再用复杂、精确的方法。排除故障时，先排除直观、显而易见、简单常见的故障。后排除难度较高、没有处理过的疑难故障。人机界面经常容易产生相同类型的故障，即"通病"。由于"通病"比较常见，积累的经验较丰富，因此可快速排除，这样就可以集中精力和时间排除比较少见、难度高的故障，简化步骤，缩小范围，提高检修速度。

（5）先静态后动态。所谓静态检查，就是在人机界面未通电之前进行的检查。当确认静态检查无误时，方可通电进行动态检查。若发现冒烟、闪烁等异常情况，应迅速关机，重新进行静态检查。这样可避免在情况不明时就给人机界面加电，造成不应有的损坏。

检修时，对于电子电路的检查，必须先检测直流回路静态工作点，再检测交流回路动态工作点。这里的直流和交流是指电子电路各级的直流回路和交流回路。这两个回路是相辅相成的，只有在直流回路正常的前提下，交流回路才能正常工作。

就目前维修中所采用的测量用仪器仪表而言，只能对电路板上的器件进行功能在线测试和静态特征分析，发生故障的电路板是否最终完全修复好，必须要装回原单元电路上检验才行。为使这种检验过程取得正确结果。以判断更换了电子元器件的电路板是否修理好，这时最好先检查一下人机界面的电源是否按要求正确供给到相关电路板上及电路板上的各接口插件是否可靠插好。并要排除电路板外围电路的不正确带来的影响，才能正确地指导维修工作。

（6）先清洁后维修。对污染较重的人机界面，先要对其面板、接线端、接触点进行清洁，检查外部控制键是否失灵。在检查人机界面内部时，应着重看人机界面内部是否清洁，如果发现人机界面内各组件、引线、走线之间有尘土、污物、蛛网或多余焊锡、焊油等，应先加以清除，再进行检修，这样既可减少自然故障，又可取得事半功倍的效果。实践表明，许多故障都是由于脏污引起的，一经清洁故障往往会自动消失。

（7）先电源电路后功能电路。电源是人机界面的心脏，如果电源不正常，就不可能保证其他部分的正常工作，也就无从检查别的故障。根据经验，电源部分的故障率在整机中占的比例最高，许多故障往往就是由电源引起的，所以先检修电源电路常能收到事半功倍的效果。人机界面维修时应按照先检修主电路电源部分、控制电源部分，再检修控制电路部分、最后显示部分的顺序。因为电源是人机界面各部分能正常工作的能量之源，而控制电路又是能正常工作的基础。

（8）先普遍后特殊。在没有了解清楚人机界面故障部位的情况下，不要对人机界面内的一些可调元器件进行盲目的调整，以免人为地将故障复杂化。遇到机内熔断器熔体或限流电阻等保护电路元器件被击穿或烧毁时，要先认真检查一下其周围电路是否有问题，在确认没问题后，再将其更换恢复供电。因电源电路元器件的质量或外部因素而引起的故障，一般占常见故障的 50％左右。人机界面的特殊故障多为软故障，要靠经验和仪表来测量和维修。根据人机界面的共同特点，先排除带有普遍性和规律性的常见故障，然后再去检查特殊的电路（包括一些特殊的元器件），以便逐步缩小故障范围，由面到点，以达到缩短维修时间效果。

（9）先外围后更换。在确定损坏的元器件后，先不要急于更换损坏的电子元器件，在确认外围设备电路正常时，再考虑更换损坏的电子元器件。在检查集成电路时，在检测集成电路各引脚电压有异常时，不要先急于更换集成电路，而应先检查其外围电路，在确认外围电路正常时，再考虑更换集成电路。若不检查外围电路，一味更换集成电路，只能造成不必要的损失，且现在的集成电路引脚较多，稍不注意便会损坏，从维修实践可知，集成电路外围电路的故障率远高于集成电路。

（10）先故障后调试。在检修中应当先排除电路故障，然后再进行调试。因为调试必须是在电路正常的前提下才能进行。当然有些故障是由于调试不当而造成的，这时只需直接调试即可恢复正常。在更换元器件时一定要注意焊接质量，不要造成虚焊。另外焊接时间也不宜过长，以免损坏元器件，造成不必要的经济损失。多次焊接电子元器件后容易造成铜箔从线路板上脱落。更换元器件后，人机界面内的异物要及时清理干净，连线和插接件要重新检查一遍，并安装到位，以免造成另外的人为故障。

（11）先不通电测试，后通电测试。首先在不通电的情况下，对人机界面进行静态检查，在正常的情况下，再在通电情况下，对人机界面进行检查。若立即通电，可能会人为地扩大故障范围，烧毁更多的元器件，造成不应有的损失。因此，在故障人机界面通电前，先进行静态检查后，采取必要的措施后，方能通电检修。

（12）先公用电路，后专用电路。人机界面的公用电路出故障，其能量、信息就无法传送、分配到各具体专用电路，专用电路的功能、性能就不起作用。如一台人机界面的电源出故障，整个系统就无法正常运转，向各种专用电路传递的能量、信息就不可能实现。因此，遵循先公用电路、后专用电路的顺序，就能快速、准确地排除人机界面的故障。

人机界面出现故障表现为多样性，任何一台有故障的人机界面检修完，应该把故障现象、原因、检修经过、技巧、心得记录在专用笔记本上，以积累维修经验，并要将自己的经验上升为理论。在理论指导下，具体故障具体分析，才能准确、迅速地排除故障。只有这样才能把自己培养成为检修人机界面故障的行家里手。

3. 人机界面检修的一般程序

在检修人机界面过程中，最花时间的是故障判断和找出失效的元器件，故障部位和失效元器件找到后，修理和更换元器件实际上并没有太大的困难。因此，掌握维修技术就要首先学会故障检查、分析、判断方法，并掌握一些技巧。人机界面检修的一般程序如下。

（1）观察和调查故障现象。人机界面故障现象是多种多样的，例如，同一类故障可能有不同的故障现象，不同类故障可能有同种故障现象，这种故障现象的同一性和多样性，给查找故障带来复杂性。但是，故障现象是检修人机界面故障的基本依据，是人机界面故障检修的起点，因而要对故障现象进行仔细观察、分析，找出故障现象中最主要的、最典型的方面，搞清故障发生的时间、地点、环境等。

（2）了解故障。在着手检修发生故障的人机界面前除应询问、了解该人机界面损坏前后的情况外，尤其要了解故障发生瞬间的现象。例如，是否发生过冒烟、异常响声、振动等情况，还要查询有无他人拆卸检修过而造成"人为故障"。

（3）试用待修人机界面。对于发生故障的人机界面要通过试听、试看、试用等方式，加深对人机界面故障的了解。检修顺序为：外观检查、电源引线的检查和测量，无异常后，接通电源，按动各相应的开关、调节有关旋钮，同时仔细听声音和观察人机界面有无异常现象，再根据掌握的信息进行分析、判断可能引起故障的部位。

（4）分析故障原因。根据实地了解的各种表面现象，设法找到故障人机界面的电路原理图及印制板布线图。若实在找不到该机型的相关资料，也可以借鉴类似机型的电路图，灵活运用以往的维修经验并根据故障机型的特点加以综合分析，查明故障的原因。

（5）初步确定故障范围、缩小故障部位。根据故障现象分析故障原因是人机界面故障检修的关键，分析的基础是电工电子基本理论，是对人机界面的构造、原理、性能的充分理解，是电工电子基本理论与故障实际的结合。某一人机界面故障产生的原因可能很多，重要的是在众多原因中找出最主要的原因。

（6）归纳故障的大致部位或范围。根据故障的表现形式，推断造成故障的各种可能原因，并将故障可能发生的部位逐渐缩小到一定的范围。其中尤其要善于运用"优选法"原理，分析整个电路包含几个单元电路，进而分析故障可能出在哪一个或哪几个单元电路。总之，对各单元电路在整个电路系统中所担负的特有功能了解得越透彻，就越能减少检修中的盲目性，从而极大提高检修的工作效率。

（7）确定故障的部位。确定故障部位是人机界面故障检修的最终目的和结果。确定故障部位可理解成确定人机界面故障点，如短路点、损坏的元器件等，也可理解成确定某些运行参数的变异，如电压波动等。确定故障部位是在对故障现象进行周密的考察和细致分析的基础上进行的。在这一过程中，往往要采用多种手段和方法。

（8）故障的查找。对照人机界面电路原理图和印制板布线图，在分析人机界面工作原理并在维修思路中形成可疑的故障点后，即应在印制板上找到其相应的位置，运用万用表进行在路或不在路测试，将所测数据与正常数据进行比较，进而分析并逐渐缩小故障范围，最后找出故障点。

（9）故障的排除。找到故障点后，应根据失效元器件或其他异常情况的特点采取合理的维修措施。例如，对于脱焊或虚焊，可重新焊好；对于元器件失效，则应更换合格的同型号规格的元器件；对于短路性故障，则应找出短路原因后对症排除。

（10）还原调试。更换元器件后往往还要或多或少地对人机界面进行全面或局部调试。因为即使替换的元器件型号相同，也会因工作条件或某些参数不完全相同导致性能的差异，有些元器件本身则必须进行调整。如果大致符合原参数，即可通电进行调试，若人机界面工作全面恢复正常，则说明故障已排除；否则应重新调试，直至该故障的人机界面完全恢复正常为止。

4.2.3 西门子人机界面故障检查方法

1. 直观法

直观法是指不用任何仪器根据人机界面故障的外部表现，寻找和分析故障。直接观察包括不通电检查和通电观察。在检修中应首先进行不通电检查，利用人的感觉器官（眼、耳、手、鼻）检查有关插件是否松动、接触不良、虚焊、脱焊、断路、短路、组件锈蚀、变焦、变色和熔断器熔体熔断等现象。直观法是一种最基本、最简单的方法，维修人员通过对故障发生时产生的各种光、声、味等异常现象的观察、检查，可将故障缩小到某个局部，甚至一块印制电路板。但是，它要求维修人员具有丰富的实践经验。

在进行直观检查前，应向使用者和故障在场人员询问情况，包括故障外部表现、大致部位、发生故障时环境情况。如有无异常气体、明火、热源是否靠近人机界面、有无腐蚀性气体侵入、有无漏水，是否有人修理过，修理的内容等。

直观法的实施过程应坚持先简单后复杂、先外面后里面的原则。在实际操作时，首先面临的是如何打开人机界面的外壳问题，其次是对拆开的人机界面内的各式各样的电子元器件的形状、名称、代表字母、电路符号和功能都能一一对上号，即能准确地识别电子元器件。采用直观法检修时，主要分为以下三个步骤。

（1）打开人机界面外壳之前的检查。观察外表，看有无碰伤痕迹，人机界面的面板、插口、人机界面外部的连线有元损坏等。

（2）打开人机界面外壳后的检查。观察线路板及机内各种装置，看熔断器的熔体是否熔断；元器件有无相碰、断线；电阻有无烧焦、变色；电解电容器有无漏液、裂胀及变形；印刷电路板上的铜箔和焊点是否良好，有无已被他人修整、焊接的痕迹等，在人机界面内观察时，可用手拨动一些元器件、零部件，以便充分检查。

（3）通电后的检查。这时眼要看人机界面内部有无打火、冒烟现象；耳要听人机界面内部有无异常声音；鼻要闻人机界面内部有无焦味；手要摸一些晶体管、集成电路等是否烫手，如有异常发热现象，应立即关机。

直观法的特点是十分简便，不需要仪器，对检修人机界面的一般性故障及损坏型故障很有效果。直观法检测的综合性较强，它与检修人员的经验、理论知识和专业技能等紧密相关，直观检查法需要在大量地检修实践中不断的积累经验，才能熟练地运用。直观法检测往往贯穿在整个修理的全过程，与其他检测方法配合使用时效果更好。

2. 对比法

对比法是用正确的特性与错误的特征相比较来寻找故障的原因，怀疑某一电路存在问题时，可将此电路的参数与工作状态相同的正常电路的参数（或理论分析的电流、电压、波形等）进行一一对比，此法对没有电路原理图时最适用。在检修时把检测数据与图纸资料及平时记录的正常参数相比较来判断故障。对无资料又无平时记录的人机界面，可与同型号的完好人机界面相比较，从中找出电路中的不正常情况，进而分析故障原因，判断故障点。对比法可以是自身相同回路的类比，也可以是故障线路板与已知好的线路板的比较。这可以帮助维修者快速缩小故障检查范围。

3. 替换法

替换法是用规格相同、性能良好的电子元器件或电路板，替换故障人机界面上某个被怀疑而又不便测量的电子元器件或电路板，从而来判断故障的一种检测方法。有时故障比较隐蔽，某些电路的故障原因不易确定或检查时间过长时，可用相同规格型号、性能良好的元器件进行替换，以便缩小故障范围，进一步查找故障。并证实故障是否由此元器件引起的。运用替换法检查时应注意，当把原人机界面上怀疑有故障的电子元器件或电路板拆下后，要认真检查该电子元器件或电路板的外围电路，只有肯定是由于该电子元器件或电路板本身因素造成故障时，才能换上新的电子元器件或电路板，以免替换后再次损坏。

另外，由于某些元器件的故障状态（如电容器的容量减小或漏电等）用万用表不能确定时，应该用正品加以替换或是并联接上正品器件，看故障现象有无变化。若怀疑电容器绝缘不好或短路，检测时需将一端脱开。在替换元器件时，替换上的元器件应尽可能和损坏的元器件规格型号相同。

当故障分析结果集中于某一印制电路板上时，由于电路集成度的不断扩大而要把故障落实于其上某一区域乃至某一电子元器件上是十分困难的，为了缩短故障检查时间，在有相同备件的条件下可以先将备件换上，然后再去检查修复故障板。备件板的更换要注意以下几个问题。

（1）更换任何备件都必须在断电情况下进行。

（2）许多印制电路板上都有一些开关或短路棒的设定以匹配实际需要，因此，在更换备件板上一定要记录下原有的开关位置和设定状态，并将新板做好同样的设定，否则会产生报警而不能正常工作。

（3）某些印制电路板的更换，还需在更换后进行某些特定操作以完成其中软件与参数的建立。这一点需要仔细阅读相应电路板的使用说明。

（4）有些印制电路板是不能轻易拔出的，例如，含有工作存储器的板，或者含有备用电池板，它会丢失有用的参数或者程序。必须更换时也必须遵照有关说明操作。

利用备用的同型号的电路板确认故障，缩小检查范围是非常行之有效的方法。若是人机界面的控制板出问题常常只有更换别无他法，因为大多数用户几乎不会得到原理图及布置图，从而很难做到芯片级维修。

鉴于以上条件，在拔出旧电路板更换新电路板之前，一定要先仔细阅读相关资料，弄懂要求和操作步骤之后再动手，以免造成更大的故障。替换法在确定故障原因时准确性较高，但操作时比较麻烦，有时很困难，对线路板有一定的损伤。所以使用替换法要根据人机界面故障具体情况，以及检修者现有的备件和代换的难易程度而定。在替换电子元器件或电路板的过程中，连接要正确可靠，不要损坏周围其他组件，这样才能正确地判断故障，提高检修速度，而又避免人为的造成故障。

操作中，如怀疑两个引脚的元器件开路时，可不必拆下它们，而是在线路板这个元器件引脚上再焊接上一个同规格的元器件，焊好后故障消失，证明被怀疑的元器件是开路时，再将故障元器件剪除。当怀疑某个电容器的容量减小时，也可以采用直接并联的方式进行判断。使用替换法应注意的事项如下。

（1）严禁大面积地使用替换法，这不仅不能达到修好故障人机界面的目的，甚至会进一步扩大故障的范围。

（2）替换法一般是在其他检测方法运用后，对某个元器件有重大怀疑时才采用。

（3）当所要代替的电子元器件在底部时，也要慎重使用替换法，若必须采用时，应充分拆卸，使元器件暴露在外，有足够大的操作空间，便于代换处理。

4. 插拔法

通过将功能电路板插件"插入"或"拔出"来寻找故障的方法虽然简单，却是一种常用的有效方法，能迅速找到故障的原因。具体步骤是：

（1）先将故障人机界面和所有连接辅助电路的所有插件板拔出，再合上故障人机界面电源开关，若故障现象仍出现，则应仔细检查主电路部分有无故障。

（2）若故障消失，仔细检查每块插件板，观察是否有相碰和短路（如碰线、短接、插针相碰等），若有，则排除；若无，则插上检查的电路板插件，再检查余下的电路插件，直至找出故障插件板，再根据故障现象和性质判断是哪一个集成电路或电子元器件损坏，这样很快就能发现哪块插件板上有故障。

5. 系统自诊断法

充分利用人机界面的自诊断功能，根据显示的故障信息及发光二极管等器件的指示，可判断出故障的大致起因。进一步利用系统的自诊断功能，还能显示人机界面与各部分之间的接口信号状态，找出故障的大致部位。它是故障诊断过程中最常用、有效的方法之一。

所有的人机界面都以不同的方式给出故障指示，对于维修者来说是非常重要的信息。通常情况下，人机界面会针对电压、电流、温度、通信等故障给出相应的故障信息，而且大部分采用微处理器或 DSP 处理器的人机界面会有专门的参数保存 3 次以上的故障报警记录。

6. 参数检查法

人机界面参数是保证其正常运行的前提条件，它直接影响着人机界面的性能。参数通常存放在系统存储器中，一旦电池不足或受到外界的干扰，可能导致部分参数的丢失或变化，使人机界面无法正常工作。通过核对、调整参数，有时可以迅速排除故障；特别是对于人机界面长期不用的情况，参数丢失的现象经常发生，因此，检查和恢复人机界面参数是维修中行之有效的方法之一。另外，人机界面经过长期运行之后，由于电子元器件性能变化等原因，也需对有关参数进行重新调整。

人机界面设置许多可修改的参数以适应不同的应用和不同工作状态的要求，这些参数不仅能使人机界面、显示器、主机相匹配，而且更是使人机界面各项功能达到最佳化所必需的。因此，任何参数的变化（尤其是模拟量参数）甚至丢失都是不允许的；而随人机界面的长期运行所引起的机械或电气性能的变化，会打破最初的匹配状态和最佳化状态，这需要重新调整相关的一个或多个参数。这种方法对维修人员的要求是很高的，不仅要对具体系统主要参数十分了解，而且要有较丰富的系统调试经验。

7. 断路法

断路法就是人为地把电路中的某一支路或某个元器件的某条引脚焊开来查找故障的方法，有时又称开路法。它是一种快速缩小故障范围的有效方法。割断某一电路或焊开某一组件的接线来压缩故障范围。如某一人机界面电源电路电流过大，可逐渐断开可疑部分电路，断开哪一级电流恢复正常，故障就出在哪一级，此法常用来检修电流过大，熔断器熔体熔断故障等。

若遇到难以检查的短路或接地故障，换上新熔断器逐步或重点地将各支路一条一条地接入电源，重新试验。当接到某一电路时熔断器又熔断，故障就在刚刚接入的这条电路及其所包含的电器组件上。

对于多支路交联电路，应有重点地在电路中将某点断开，然后通电试验，若熔断器不再熔断，故障就在刚刚断开的这条电路上。然后再将这条支路分成几段，逐段地接入电路。当接入某段电路时熔断器又熔断，故障就在这段电路及某元器件上。这种方法简单，但容易把损坏不严重的电器组件彻底烧毁。

8. 短路法

人机界面的故障大致归纳为短路、断路、接地、软件部分故障等。诸类故障中出现较多的为断路故障。它包括导线断路、虚连、松动、触点接触不良、虚焊、假焊、熔断器熔断等。对这类故障除用电阻法、电压法检查外，更为简单可靠的方法是短路法。短路方法是用一根良好绝缘的导线，将所怀疑的断路部位短路接起来，如短接到某处，电路工作恢复正常，说明该处断路。

应用短路法检测电路过程中，对于低电位，可直接用短接线直接对地短路；对于高电位、应采用交流短路，即用 $20\mu F$ 以上的电解电容对地短接，保证直接高电位不变；对电源电路不能随便使用短路法。短路法实质上是一种特殊的分割法。

9. 仪器测量法

使用常规电工仪表，对各电路的交、直流电源电压，对相关直流及脉冲信号等进行测量，从中寻找引起故障的元器件。例如，用万用表检查电源情况，及对某些电路板上设置的相关信号状态测量点的测量，用示波器观察相关的脉动信号的幅值、相位甚至有无。这种方法比较简单直接，针对故障的现象，一般能判断出故障所在，借助一些测量工具，能进一步确定故障的原因，帮助分析和查找故障。

人机界面的印制电路板制造时，为了调整维修的便利通常都设置有检测用的测量端子。维修人员利用这些检测端子，可以测量、比较正常的印制电路板和有故障的印制电路板之间的电压或波形的差异，进而分析、判断故障原因及故障所在位置。通过测量比较法，有时还可以纠正被维修过的印制电路板上的调整、设定不当而造成的"故障"。

测量比较法使用的前提是：维修人员应了解或实际测量正确的印制电路板关键部位、易出故障部位的正常电压值，正确的波形，才能进行比较分析，而且这些数据应随时做好记录，并作为资料积累。常见的测量检查方法如下。

（1）电压测量法。电压法是通过测量电子线路或元器件的工作电压并与正常值进行比较来判断故障的一种检测方法。电压法检测是所有检测手段中最基本、最常用的方法。经常测试的电压是各级电源电压、晶体管的各极电压以及集成电路各引脚电压等。一般而言，测得电压的结果是反映人机界面工作状态是否正常的重要依据。电压偏离正常值较大的地方，往往是故障所在的部位。

对直流电压的检测，首先检测电源的输入，再检测电源电路及稳压电路的输入、输出，根据测得的输入端及输出端电压高低来进一步判断哪一部分电路或某个元器件有故障。测量单元电路电压时，首先应测量该单元电路的电源电路，通常电压过高或过低均说明电路有故障。用直流电压法检测集成电路的各脚工作电压时，要根据维修资料提供的数据与实测值比较来确定集成电路的好坏。

（2）电流测量法。电流测量法是通过检测晶体管、集成电路的工作电流，各局部电路的电流和电源的负载电流来判断人机界面故障的一种检修方法。电流法检测电子线路时，可以迅速找出晶体管发热、电子元器件发热的原因，也是检测集成电路工作状态的常用手段。采用电流法检测时，常需要断开电路。把万用表串入电路，因这一步实现起来较困难，为此，电流法检测分为直接测量法和间接测量法两种。

间接测量电流法实际上是用测得的电压来换算电流或用特殊的方法来估算电流的大小。如要测晶体管某级电流时，可以通过测量其集电极或发射极上串联电阻上的压降来换算出电流值。这种方法的好处是无需在印刷电路板上制造测量口。另外有些电器在关键电路上设置了温度保险电阻。通过测量这类电阻上的电压降，再应用欧姆定律，可估算出各电路中负载电流的大小。若某电路温度保险电阻烧断，可直接用万用表的电流档测电流大小，来判断故障原因。

遇到人机界面熔断器熔体熔断或局部电路有短路时，采用电流法检测效果明显。电流是串联测量，而电压是并联测量，实际操作时往往先采用电压法测量，在必要时才进行电流法检测。

（3）电阻测量法。电阻测量法可分为分阶测量法和分段测量法。电阻测量法是测量元器件对地或自身电阻值来判断故障的一种方法，它对检修开路、短路故障和确定故障组件有实效，通过测量电阻、电容、电感、线圈、晶体管和集成电路的电阻值可判断出故障的具体部位。

电阻测量法是检修故障的最基本的方法之一，一般而言，电阻法有"在线"电阻测量和"离线"测量两种方法。"在线"电阻测量时，由于被测元器件接在整个电路中，所以万用表所测得的阻值受其他并联支路的影响，在分析测试结果时应给予考虑，以免误判。正常所测的阻值会与元器件的实际标注阻值相等或小，不可能存在大于实标标注阻值，若是，则所测的元器件存在故障。

"离线"电阻测量时，需要将被测元器件一端或将整个元器件从印刷电路板上脱焊下来，再用万用表测量电阻的一种方法，这种方法操作起来较烦，但测量的结果准确、可靠。

采用电阻测量法测量时，一般是先测试"在线"电阻的阻值。测得各元器件阻值后，并需要互换万用表的红、黑表笔后，再测试一次阻值。这样做可排除外电路网络对测量结果的干扰。要对两次测得的电阻阻值的结果进行分析，对重点怀疑的元器件可脱焊一端进一步检测。"在线"测试一定要在断电情况下进行，否则测得结果不准确，还会损伤、损坏万用表。在检测一些低电压（如5V、3V）供电的集成电路时，不要用万用表的 R×10k 挡，以免损坏集成电路。

对于测量法在实际应用应注意的有以下几点。

（1）注意检测中的公共"接地"。为使检修正常进行，检测仪器与被检修的人机界面须有共同的"接地"点。

（2）注意高压"串点串线"现象。出现故障的人机界面往往存在绝缘击穿现象，造成高压串点、串线，将危及人身安全和损坏测量仪表，并影响测量数据，对此应加以注意。

（3）遵守"测前先断电，断后再连线"的检修程序。尤其测量高压，更应先切断电源，防止大容量电容储存的电荷电击人身，在连接测试线之前，应进行充分的放电，测试线与高压点连好线后，再接通电源，以确保人身安全。

（4）测试线要具有良好的绝缘性。

（5）测试前对检测仪器和被检测电路原理要充分了解。

（6）要养成单手测量的习惯，防止双手同时触及带电体构成通路，危及人身安全及损坏测量仪表。

10. 示波器法

示波器法是利用示波器跟踪观察信号电路各测试点信号的变化，根据波形的有无、大小和是否失真来判断故障的一种检修方法。示波器法的特点在于直观、迅速有效，通过示波器可直接显示信号波形，也可以测量信号的瞬时值。有些高级示波器还具有测量电子元器件的功能，为检测提供了十分方便的方法。不能用示波器去测量高压或大幅度脉冲部位，当示波器接入电路时，应注意它的输入阻抗的旁路作用。通常采用高阻抗、小输入电容的探头。测量时示波器的外壳和接地端要良好接地。

通常人机界面的原理图都在测试位置上注有明显的波形图，这些便是波形法检测的重要基础。波形法是利用测量仪器观察电路中的波形、波幅、频率、位置特性，它还可以观察到各类寄生振荡、寄生调制等现象。波形法是寻找和发现乃至排除故障的很有效的方法，尤其是排除疑难故障，使用这种方法非常方便。波形法也叫动态观察法，该方法是电路处于工作状态时的一种检测方法，因此在操作时务必注意安全。应用波形法检修时，通常使用的测试仪器有两种，一是示波器，它可以观察脉冲的波形宽度、幅度、周期及稳压电源的纹波电压和音频放大器的输出波形；二是频率特性测试仪，即通称为扫频仪，它可以用来检测各种电路的频率特性、频带宽度、电路增益以及滤波网络的吸收特性。

11. 状态分析法

人机界面发生故障时，根据人机界面所处的状态进行分析的方法称为状态分析法。人机界面的运行过程总可以分解成若干个连续的阶段，这些阶段也可称为状态。如人机界面的工作过程可以分解成启动、运行、停止等工作状态，运行状态又可分为有触摸状态和无触摸待机状态。其故障总是发生于某一状态，而在其中一种状态中，各种单元电路及电子元器件又处于什么状态，这正是分析故障的重要依据。状态划分得越细，对分析和判断故障越有利，查找时必须将各种运行状态区分清楚。对各单元电路及电子元器件的工作状态进行分析，找出故障的原因。

12. 回路分割法

回路分割法是把与故障有牵连的电路从总电路中分割出来，通过检测，肯定一部分，否定一部分，一步步地缩小故障范围，最后把故障部位孤立出来的一种检测方法。

一个复杂的电路总是由若干个回路构成，每个回路都具有特定的功能，发生故障就意味着该单元电路中的某种功能的丧失，因此，故障也总是发生在某个或某几个单元电路中。将回路分割，实际上简化了电路，缩小故障查找范围，查找故障就比较方便了。

回路分割法对由多个模块或多个电路板及转插件组合起来的电路，应用起来较方便，如人机界面电源电路的直流熔断器熔体熔断，说明负载电流过大，同时导致电源输出电压下降。要确定故障原因，可将电流表串在直流熔断器处，然后应用回路分割法将怀疑的那一部分电路与总电路分割开。这时看总电流的变化，若分割开某部分电路后电流降到正常值，说明故障就在分割出来的电路中。回路分割法可分为对分法、特征点分割法、经验分割法及逐点分割法等。

回路分割法是根据人们的经验，估计故障发生在哪一单元电路，并将该单元电路的输入、输出端作为分割点。逐点分割是指按信号的传输顺序，由前到后或由后到前逐级加以分割。应用回路分割法检测电路时要小心谨慎，有些电路不能随便断开，对此应要给予重视，不然故障没排除，还会引发新的故障。回路分割法严格说不是一种独立的检测方法，而是要与其他的检测方法配合使用，才能提高维修效率。

13. 升温法

升温法是人为地将环境温度或局部部件温度升高（用电吹风可使局部部件的环境温度升高，注意不可将温度升得太高，以致将正常工作的器件烧坏），即对可疑组件进行升温，加速一些高温参数比较差的元器件产生故障，来帮助寻找故障的一种方法。有时人机界面工作较长时间或环境温度升高后会出现故障，而关机检查时却是正常的，再工作一段时间又出现故障，这时可用"升温法"来检查。

有些人机界面常是使用一开始非常好，但过不了多久，少则几分钟，多则1～2h出现故障。这往往是由于人机界面内个别元器件的热稳定性较差所引起的。因为这种故障本身的不固定性，在修理过程中，通常要根据自己的经验和故障现象的特征，初步对故障部位做大致的判断。利用电烙铁或电灯泡等发热组件烘烤可疑部位的元器件，如利用20W烧热了的电烙铁，将烙铁头距可疑组件1cm左右进行烘烤，其目的是进行局部加热。如烘烤到某一组件时，故障现象立即再现，就可以立即判断是该组件热稳定性不良引起的故障。加温的顺序是先晶体管、集成电路，后电容、电阻。

通常加温有两种含义，一是加速组件的损坏，使故障尽快出现。其二是由于机板受潮，利用加热的办法直接排除故障。与加温法相反的方法是降温法，这种方法通常和加温法联合使用。其最简单的方法是在机器出现故障时用棉花蘸上酒精贴在怀疑的组件上，让其冷却，如果冷却到某个组件时故障消失，则这个组件就是有故障的组件。降温法特别实用于刚开机时正常，用一段时间后出现故障的人机界面。

14. 敲击法

敲击法用小起字柄、木棰轻轻敲击电路板上某一处，通过观察来判定故障部位（注意：高压部位一般不易敲击）。此法尤其适合检查虚假焊和接触不良此类故障。人机界面是由各种电路板和模块用接插件组成，各个电路板都有很多焊点，任何虚焊和接触不良都会出现故障。打开人机界面后盖，拉出电路板，用绝缘的橡胶棒敲击有可疑的不良部位，如果人机界面的故障消失或再现则很可能问题就出在那里。

15. 逻辑推理分析法

逻辑推理分析法是根据人机界面出现的故障现象，由表及里，寻根溯源，层层分析和推理的方法。人机界面的各组成部分和功能都有其内在的联系，例如，连接顺序、动作顺序、电流流向、电压分配等都有其特定的规律，因而某一部件、组件、元器件的故障必然影响其他部分，表现出特有的故障现象。在分析故障时，常需要从这一故障联系到对其他部分的影响或由某一故障现象找出故障的根源，这一过程就是逻辑推理过程。逻辑推理分析法又分为顺推理法和逆推理法。顺推理法一般是根据故障现象，从外围电路、电源、控制电路、显示电路来分析和查找故障。逆推理法则采用与顺推理法相反的顺序来分析和查找故障。

采用逻辑推理分析法，对故障现象作具体分析，划出可疑范围，提高维修的针对性，就可以收到判断故障准而快的效果。分析电路时先从主电路入手，了解各单元电路之间的关系，结合故障现象和电路工作原理，进行认真地分析排查，既可迅速判定故障发生的可能范围。当故障的可疑范围较大时，不必按部就班地逐级进行检查，这时可在故障范围的中间环节进行检查，来判断故障究竟是发生在哪一部分，从而缩小故障范围，提高检修速度。

16. 原理分析法

原理分析法是故障排除的最根本方法，其他检查方法难以奏效时，可以从电路的基本原理出发，一步一步地进行检查，最终查出故障原因。运用这种方法必须对电路的原理应有清楚的了解，掌握各个时刻各点的逻辑电平和特征参数（如电压值、波形），然后用万用表、示波器测量，并与正常情况相比较，分析判断故障原因，缩小故障范围，直至找到故障。运用这种方法要求维修人员有较高的水平，对整个系统或各部分电路有清楚、深入的了解才能进行。

总的来说，对有故障的人机界面检查要从外到内，由表及里，由静态到动态，由主回路到控制回路。虽然检查人机界面故障的方法很多，实际检修中到底采用哪一种检查方法更有效，要看故障现象的具体情况而定。

检修人机界面时，通常先采用直观法，一些典型的故障往往用直观法检测就能一举奏效。对于较隐蔽的故障，可以采用示波器法。对不便于测试的故障，常采用替换法、短路法和分割法。这些方法的应用，往往能把故障压缩到较小范围之内，使维修工作的效率提高。要强调的是每一种检测方法都可以用来检测和判断多种故障；而同一种故障又可用多种检测方法来进行检修。检修时应灵活地运用各种检测方法，才能保证检测工作事半功倍。

当找出人机界面的故障点后，就要着手进行修复、试运行、记录等，然后交付使用，但必须注意以下几点。

（1）在找出故障点和修复故障时，应注意不能把找出的故障点作为寻找故障的终点，还必须进一步分析查明产生故障的根本原因。

（2）找出故障点后，一定要针对不同故障情况和部位相应地采取正确的修复方法。

（3）在故障点的修理工作中，一般情况下应尽量做到复原。

（4）故障修复完毕，需要通电试运行时，应按操作步骤进行操作，避免出现新的故障。

（5）每次排除故障后，应及时总结经验，并做好维修记录。记录的内容包括：人机界面型号、编号、故障发生的日期、故障现象、部位、损坏的电子元器件、故障原因、修复措施及修复后的运行情况等。记录的目的是对维修经验的总结，以作为档案以备日后维修时参考，并通过对历次故障的维修过程经验的积累，提高维修水平和维修的实际操作技能。

总之，检修过程是一种综合性分析的过程：它建立在对电路结构的深刻理解、正确无误的逻辑思维判断和熟练的操作技能之上。因判定故障要有良好的技术知识作为基础，只有认真掌握检修的一般规律，并不断地总结积累经验，才能准确、及时发现问题和解决问题。另外，查找故障时，尽量拓宽自己的思路，把各方面能造成故障的因素都想到，再进行仔细地分析和故障诊断及排除。在实际检修时，寻找故障原因的方法多种多样，这些方法的使用可根据设备条件、故障情况灵活掌握，对于简单的故障用一种方法即可查找出故障点，但对于较复杂的故障则需采取多种方法互相补充、互相配合，才能迅速准确找出故障点。

4.3 西门子人机界面应用问题分析及故障处理实例

4.3.1 西门子人机界面应用中问题分析及处理方法

1. 在组态 WinCC flexible 项目时，编译下载时出现内部错误

若使用的是 WinCC flexible 2005 或者 WinCC flexible 2005 SP1 版本，应使用"全部重建"重新编译项目："项目"菜单->"编译"->"全部重建"。

由于 WinCC flexible 2007 不提供"全部重建"的命令菜单，但是可以利用菜单："选

项"->"删除临时文件"，而后重新编译，其效果与原来的"全部重建"命令相同。

2. 使用 S7 - 200 CPU 时钟同步 Win CE HMI 设备

西门子的 HMI 设备分为硬件时钟 HMI（TP/OP/MP 270/MP 277，MP 370/MP 377 等）和软件时钟 HMI（xP170X，xP177X，xP277，KTP 178 Mrico 等），对于软件时钟的 HMI 设备和无备份电池的硬件时钟 HMI 设备，当断电关机后，HMI 设备的内部时钟就会丢失，回到出厂时的状态，但 HMI 设备可以通过设置，来定时读取 PLC 的硬件时钟信息，以保持和 PLC 时钟一致，以使 PLC 与 HMI 设备的时钟同步。

而 HMI 设备与 PLC 的时钟同步，则与上述相反，即用 HMI 设备的时钟来校准 PLC 的系统时钟。PLC 实际上是得到 HMI 设备的时钟信息后，调用相应设置时钟的函数，更改自己的系统时钟，以保持和 HMI 设备时钟一致。使用 S7 - 200 CPU 时钟同步 Win CE HMI 设备的步骤如下。

（1）在 Micro/Win 中，周期调用 READ_RTC 函数，以定时读取 S7 - 200 CPU 的系统时钟，将时钟信息存放在 V 区，比如，VB100。然后设置一个标准变量，与 HMI 设备中的"设置确认按钮"进行连接，例如，V20.0。用来触发"SET_RTC"，如图 4 - 3 所示。

（2）给 S7 - 200 设定系统时间时，不要给时间信息中的"星期"字节赋"0"值，应给出确切的"星期几"否则会导致时钟同步失败。

（3）在 HMI 设备中建立一个时间设置确认按钮与 V20.0 连接，用来确认时间的修改。并建立 6 个数值输入键，对应 VB70 - VB75（年、月、日、时、分、秒）数据类型为十六进制"BYTE"变量。

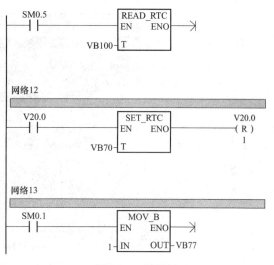

图 4 - 3　梯形图

（4）建立完成后再第一次上电时，须在触摸屏窗口内进行时间的校对，然后确认即可。在 HMI 设备组态时，建立连接时钟地址的"VW100"。

（5）如果是用 WinCC flexible 组态，应先设置好通信参数；然后在"区域指针"页内，建立"日期/时间 PLC"，指向 S7 - 200 中存放时间信息的区域 VW100 即可，如图 4 - 4 所示。

（6）如果是用 ProTool 组态，应先设置好控制器的通信参数；然后插入"日期/时间 - PLC"区域指针，指向 S7 - 200 中存放时间信息的区域 VW100 即可，如图 4 - 5 所示。

3. Windows CE HMI 设备与 S7 - 300/400 的时钟同步

Windows CE HMI 设备与 S7 - 300/400 的时钟同步步骤如下。

（1）在 Step7 中新建 DB 块 DB1，在 DB1 中按顺序定义两个变量如下。

1）My Time Date 类型为 DATE_AND_TIME。

2）temp 类型为 DWORD。

周期调用 SFC1（READ_CLK）函数（可以在 OB35 中调用），以定时读取 S7 - 300/400

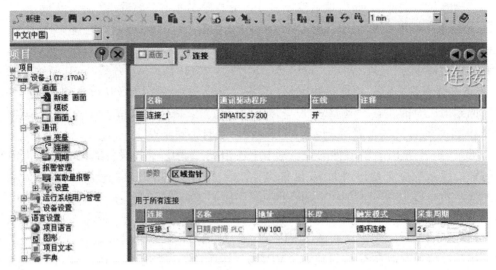

图 4 - 4 "区域指针"界面

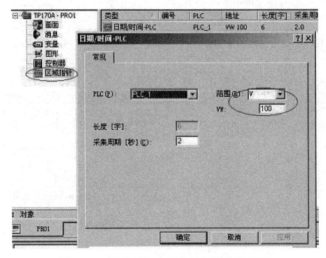

图 4 - 5 用 ProTool 组态的区域指针界面

CPU 的系统时钟，将时钟信息存放在变量 DB1. My Time Date 中。

（2）如果是用 WinCC flexible 组态，应先设置好通信参数；然后在"区域指针"页内，建立"日期/时间 PLC"，指向 S7 - 300/400 中存放时间信息的区域 DB1. DBW0（DB1. My Time Date）即可。

（3）如果是用 ProTool 组态，应先设置好控制器的通信参数；然后插入"日期/时间 - PLC"区域指针，指向 S7 - 300/400 中存放时间信息的区域 DB1. DBW0（DB1. My Time Date）即可。

4. 添加"在线"运行语言方法

（1）如用 ProTool 组态，添加"在线"运行语言方法如图 4 - 6 所示。

（2）如用 WinCC flexible 组态，添加"在线"运行语言方法如图 4 - 7 所示。

5. 在 ProTool 中组态报警（或事件）消息

ProTool 中的报警（或事件）消息是通过区域指针来实现的，报警消息组态具体方法如

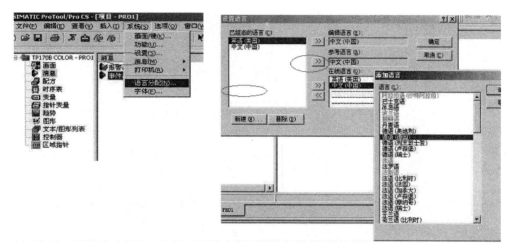

图 4 - 6　用 ProTool 组态添加在线运行语言

图 4 - 7　用 WinCC flexible 添加在线运行语言

下（事件消息方法类似）。

（1）首先要在 ProTool 的控制器中添加一个 PLC，输入连接参数。

（2）在 ProTool 区域指针中，建立报警消息区域指针，在其属性中为该区域指针指定 PLC 上的某个具体地址（如 MW0），再指定其长度（如 1 个字）。

（3）打开报警编辑器编辑报警文本，每一条文本与区域指针所指的 PLC 的某一位对应，当这一位被置 1 时，HMI 设备的一条报警将被触发，所对应的文本可在消息视图控件中显示出来。消息文本和消息位的具体对应关系可在 ProTool 窗口右下角的状态栏中反映出来：当鼠标点中报警编辑器中不同的消息文本行时，该状态栏会显示不同的位地址，如图 4 - 8 所示。

6. 在 WinCC flexible 中组态报警（或事件）消息

在 WinCC flexible 软件中的"通信"->"变量"下建立报警变量（报警变量不能为 BOOL 类型，只能是 Word 或者 Int 类型的变量），例如，建立一个报警变量，地址为 MW20，如图 4 - 9 所示。

进入"报警管理"->"离散量报警"输入相应文本，触发变量选择"报警变量"，触发器位填入相应的位号，如图 4 - 10 所示。具体信息见表 4 - 2。

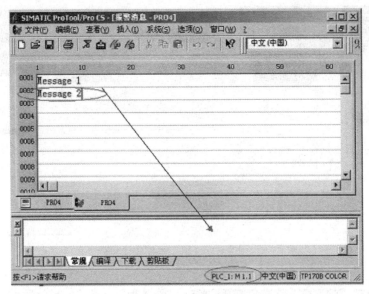

图 4-8　在 ProTool 中组态报警（或事件）消息

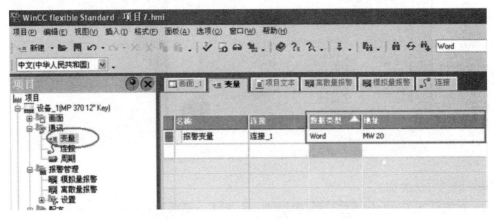

图 4-9　在 WinCC flexible 中组态报警（或事件）消息

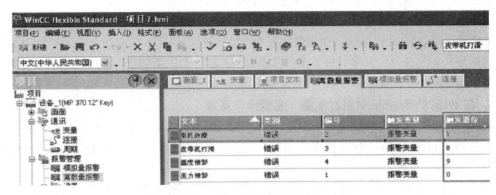

图 4-10　离散量报警界面

文本	触发变量	触发位号	实际 PLC 地址
电机故障	报警变量	1	M21.1
皮带机打滑	报警变量	8	M20.0
温度报警	报警变量	9	M20.1
压力报警	报警变量	0	M21.0

表 4-2　　　　　　　　　　　　　　　　报 警 变 量

应注意的是西门子关于字（Word）类型的定义，例如，MW20 是由 MB20 和 MB21 两个字节组成，MB20 位于高字节（8～15 位），而 MB21 位于低字节（0～7 位），所以在触发器位的定义上要与实际 PLC 地址对应关系一致。

7. TP 170A/TP 170 Micro 无法弹出用户登录对话框

对于 TP 170A/TP 170 Micro 项目，在使用模拟器时，用户登录对话框可以弹出，而实际在 HMI 设备上运行时，无法弹出。所以需要组态 TP 170A/TP 170Micro 的登录画面。在 ProTool 中组态 TP 170A/TP 170 Micro 的登录画面的步骤如下。

（1）在画面上放置一个输入域（IO 域），在它的属性中将显示格式设为："口令"；然后给它连接一个内部字符串变量"MyPassword"，并保证字符串的长度大于口令的长度。

（2）在画面上放置一个状态按钮，在其属性的功能中，添加一个功能："口令"-〉"用户登录"，将字符串变量"MyPassword"作为"用户登录"这个功能的参数，这样就完成了登录对话框组态。

在 TP 170A 实际中使用时，先在这个组态好的画面中的输入域里输入口令，然后单击按钮执行"用户登录"功能。如果所输入的密码和系统默认的密码一致，那么登录成功，就可以操作那些被保护的按钮或输入域等控件。如果输入密码不正确，也不会有错误提示。系统默认的密码是：100，此密码可以在 ProTool 中的"系统"菜单-〉"设置"中更改，在 WinCC flexible 中的组态方法与此类似。

8. 上载基于 Windows 的 HMI 设备里的项目文件

ProTool 里"上载"是指把存储在 HMI 设备的外存储器里的压缩原始项目文件（扩展名为".Pdz"）回传到计算机里。该文件可以被 ProTool 打开、查看和编辑，也可以用作不同 HMI 设备间的移植。要让一个 HMI 设备内的项目能被"上载"，有两个必要条件必须在下载之前就具备如下。

（1）在 HMI 设备里要插入 CF 卡。

（2）必须激活"允许上载"功能，如图 4-11 所示，该功能选项位于"文件"-〉"下载"-〉选择上载功能位于文件-〉"上载"。

ProTool"备份"是指把 HMI 设备内存里的运行文件上传到计算机里，该文件只能原封不动地下载到同型号的 HMI 设备里，不能被打开、查看和编辑。备份功能位于菜单"文件"-〉"下载"-〉"备份"，使用与下载相同的通信设置。

"恢复"功能用于把备份文件下载到 HMI 设备里，

图 4-11　激活"允许上载"功能

如果安装 ProTool 时也安装了 ProSave，则在操作系统的"开始"菜单中可以找到 ProSave 选项，在该界面中也可以进行 HMI 设备的备份和恢复。一些用较早版本的 ProTool 编辑的 TP 170A 不支持备份功能。因此，如果要将组态移植到其他型号的 HMI 设备，上述两个必要条件必须在下载之前就具备。

9. 西门子 PLC 与触摸屏的隔离连接

西门子 S7 - 200/300/400 系列 PLC 与西门子的 HMI 设备的连接通常采用将 PLC 与 HMI 设备的二个 RS485 接口直接相连，使用一条直通电缆（西门子产品号：6ES7 901 - 0BF00 - 0AA0），在实际使用中发现在一些环境比较恶劣的工业现场会发生以下几个问题。

（1）由于供电系统接地不合理等复杂原因会造成 PLC 的 RS485 口和 HMI 设备的 RS485 口之间存在较大的地电位差，使得 RS485 信号的共模电压超过允许范围（-7～+12V）而损坏 PLC 或 HMI 设备的 RS485 通信接口。

（2）由于大型电感型设备的启停或雷击等原因会在连接电缆上感应出瞬态过电压"浪涌"而损坏 PLC 或 HMI 设备的 RS485 接口。

解决以上问题的最好办法是在 PLC 和 HMI 设备的 RS485 接口上加装带"浪涌"保护的 RS485 隔离器，采用 RS485 隔离器 PFB-G 的方案如下。

（1）在 PLC 的 RS485 端口加装一个 RS485 隔离器 PFB-G，隔离器 PFB-G 与触摸屏的 RS485 口直接相连。如图 4 - 12 图所示，由于 PLC 与 HMI 设备的 RS485 接口被光电隔离，二者之间没有电连接，也就不存在地电位差的问题，从而保证了 RS485 接口的共模电压不至于超过允许范围而损坏接口。

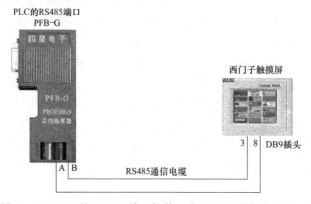

图 4 - 12　PLC 的 RS485 端口加装一个 RS485 隔离器 PFB-G

PFB-G 除具有 RS485 隔离作用外，其 RS485 端口还具有防雷击"浪涌"和静电冲击的保护电路，当通信电缆上产生瞬态过电压时，PLC 的 RS485 端口被 PFB-G 保护，而 HMI 设备的 RS485 端口将承受瞬态过电压冲击，仍有损坏的可能。

（2）在 PLC 和 HMI 设备的 RS485 端口分别各加装一个 RS485 隔离器 PFB-G，如图 4 - 13所示，这样一来就将 RS485 通信电缆完全浮空，使其与 PLC 和 HMI 设备都没有电连接。从而保证了 RS485 接口的共模电压不至于超过允许范围而损坏接口。

这种方案非常适合通信电缆容易感应到瞬态过电压或电缆较长容易遭雷击（特别是架空线）的场合，当电缆上产生瞬态过电压或感应雷击时，两个 PFB-G 内的防雷击"浪涌"保护器件将浪涌电压钳制在安全范围内，从而保护了 PLC 和 HMI 设备的 RS485 接口不遭损

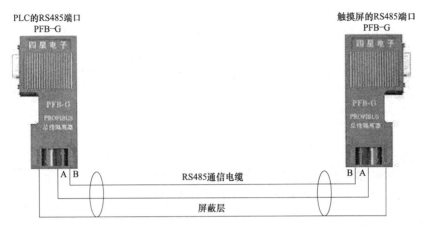

图 4-13　PLC 和触摸屏的 RS485 端口分别各加装一个 RS485 隔离器 PFB-G

坏，即使雷击的能量过大超过了 PFB-G 隔离器的保护范围，也只损坏 PFB-G 隔离器而不至于殃及 PLC 和 HMI 设备的 RS485 端口。

通信电缆应选用西门子专用的 PROFIBUS 专用电缆（西门子产品号：6XV1830-0EH10），电缆的屏蔽层须压接在 PFB-G 的屏蔽金属片上，如果通信速率（波特率）小于 115.2kbit/s 时，也可选用普通的屏蔽双绞线（导体截面积不小于 $0.22mm^2$）。采用方案二在不同通信速率（波特率）时的最大电缆长度见表 4-3。

表 4-3　　　　　　　　　不同通信速率（波特率）时的最大电缆长度

波特率	4800bit/s	9600bit/s	187.5kbit/s	500kbit/s	1.5Mbit/s
电缆长度（m）	3500	2000	800	200	100

10. HMI 设备与 S7 PLC 不能通信

如果 HMI 设备无法建立与 PLC 的通信连接，应按以下步骤进行排查。

（1）检查所用电缆。如果是和 S7-200/300/400 进行 PPI/MPI/Profibus/通信，可使用 MPI 电缆（两端针脚对应为：3-3，4-4，5-5，8-8），西门子提供标准 MPI 电缆，订货号是 6ES7 901-0BF00-0AA0（5m）。也可选用 Profibus 电缆（两端针脚对应为：3-3，8-8）和 Profibus 总线连接器（或称 DP 接头）制作连接电缆。使用自制的屏蔽双绞电缆时，应妥善处理屏蔽和接地。如果使用 DP 接头连接网络上的多个站时，应注意 DP 接头终端电阻的状态：网络两端的接头应为 ON，中间的应为 OFF；两端接头进线端接电缆。

（2）检查和确认 PLC 通信口的设置：波特率、站地址、选择的是什么协议？

（3）在 ProTool 和 WinCC flexible 中检查通信设置，通信同级的地址要与 PLC 站地址一致。HMI 设备的地址必须是唯一的，不能和该网络中任何设备的地址重复，波特率必须和 PLC 网络端口设置的一致。

（4）配置文件 Profile 要与网络使用的协议一致，与 S7-200 通信时，HMI 设备可以有多种选择。而 PLC 是协议自适应的，无须在 Micro Win 中设置，只需在 Micro Win 的系统块中设置端口号和波特率即可。选择"总线上的唯一主站"，检查是否正确使用 HMI 的通信端口。

（5）与 S7-200/300/400 进行 PPI/MPI/Profibus 通信时使用的是 IF1B 口，HMI 设备

IF1B 口的拨段开关应保持出厂设置，都拨向 OFF。

11. 将老 HMI 设备的项目升级为新 HMI 设备的项目

对于以前是 ProTool 组态的 HMI 设备，在有原始项目文件（".pdb 文件"或".pdz 文件"）的前提下，可以使用 ProTool WinCC flexible 对其进行升级转换，转换步骤如下。

（1）用 ProTool 打开原项目文件，在"文件"菜单->"转换"->"开始"，选择要转换的 HMI 设备的型号，开始转换即可。

（2）使用 WinCC flexible 打开 WinCC flexible，在首页中选择"打开一个 ProTool 项目"，然后根据向导转换即可。

由于新 HMI 设备在技术和功能上有很多改进和提高，故老项目在升级后，部分功能需要修改以适应新 HMI 设备，具体修改的内容和方法在 ProTool 或 WinCC flexible 的帮助文档中有详细的说明。

只有支持上载功能的 HMI 设备才能获取".pdz 文件"，如果在 HMI 设备中没有扩展卡（如 CF 卡）或者下载时没有激活"允许上载"功能，则该 HMI 设备不能上载".pdz 文件"并转换项目。

12. 用 PLC 控制 HMI 设备的画面切换

用 PLC 控制 HMI 设备的画面切换有以下两种方法。

（1）通过区域指针（部分 HMI 支持）。

（2）利用变量变化触发"切换画面"功能，这种是较通用的方法，具体组态过程如下（WinCC flexible）。

1）在 WinCC flexible 中建立一个 PLC 变量，用它来触发切换画面的动作。

2）打开该变量的"属性"对话框->"常规"->"采集方式"，将其设置为"循环连续"，否则如该变量没有在当前画面中被调用，那么它将不会被根据变化刷新。

3）在该变量的事件->更改数值中，添加功能函数："系统功能"->"画面"->"Activate Screen"，并添加正确的参数。

采用 ProTool 方法与其类似，不同的是：在步骤 2）中，设置"变量属性"->选项中的勾选"连续读"。在步骤 3）中，需要在"属性"->功能中的"更改数值"下添加相应函数。

4.3.2 西门子人机界面工作报警

1. 报警类别

报警可分为以下各种不同的报警类别。

（1）报警。该类别报警必须进行确认，此类报警通常显示设备的关键错误，例如，"电机温度过高"。

（2）警告。警告报警通常显示设备中的状态，例如，"电机已启动"。

（3）系统。系统报警指示 HMI 设备本身的状态或事件。

（4）自定义报警类别。报警类别的属性必须在组态中定义。

报警事件将存储在断电易失的内部缓冲区中，该报警缓冲区的大小取决于 HMI 设备类型。

2. 西门子人机界面（OP 73micro）的报警信息

（1）报警视图和报警窗口。西门子人机界面（OP 73micro）的报警信息将在 HMI 设备的报警视图或报警窗口中显示，如图 4-14 和图 4-15 所示。报警窗口独立于过程画面，通过组态，可以设置成一接收到新的、未确认的报警就自动显示报警窗口。可对报警窗口进行组态，使其只有在所有报警都经确认之后才关闭。HMI 设备键在报警视图中的功能见表 4-4。

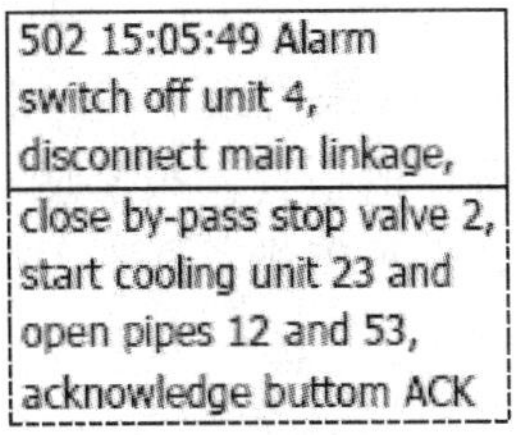

502 15:05:49 Alarm
switch off unit 4,
disconnect main linkage,
close by-pass stop valve 2,
start cooling unit 23 and
open pipes 12 and 53,
acknowledge button ACK

图 4-14　报警文本窗口

表 4-4　　　　　　　　　　　　　HMI 设备键在报警视图中的功能

按　钮	功　能
SHIFT + HELP ESC	显示报警的信息文本
ENTER	编辑报警
ACK	确认报警
INS ▶	在单独的窗口（即报警文本窗口）中显示所选报警的完整报警文本，可使用光标键 滚动报警文本窗口
TAB ▲ ▼	在报警视图中选择下一个或前一个报警

报警类别格式是为了对各种不同的报警类别进行识别，以便在报警视图中对其进行区分。报警类别格式见表 4-5。

表 4-5　　　　　　　　　　　　　　　报警类别格式

符号	报警类别
!	报警
（空）	警告
（取决于组态）	自定义报警类别
$	系统

（2）报警信息文本。查看报警信息文本的操作步骤如下。

1）使用光标键在报警视图中选择相关的报警。

2）按下 SHIFT 和 HELP ESC 键，将显示分配给此报警的信息文本。

3）按下 HELP ESC 键，关闭信息文本。

报警文本窗口可用于查看不能在报警视图中以全长输出的信息文本，查看长报警文本的操作步骤如下。

1）使用光标键选择报警。

2）按下 ▶ 键，打开如图 4-14 所示的报警文本窗口。

3）按下 ▼ 键或 ▲ 键查看全部报警文本。

187

4）按下 ▶ 键，关闭报警文本窗口。

（3）报警指示器。报警指示器 ⚠ 是显示要确认的报警的一个图形符号，只要存在排队等待确认的报警，报警指示器将一直闪烁；只要已确认的报警仍在排队，就会显示报警指示器，但报警指示器不闪烁；队列中没有报警时，会隐藏报警指示器。确认报警的操作操作步骤如下。

1）在报警窗口或报警视图中，使用光标键选择相关的报警。

2）按下 ⚿ 键，报警或各个确认组中的所有报警均被确认。

（4）编辑报警。组态工程师可为每个报警分配附加的功能，在处理报警时将执行这些功能。待编辑的报警已显示在报警窗口或报警视图中，报警窗口或报警视图已激活。编辑报警的操作步骤如下。

1）从报警视图中，使用光标键选择想要编辑的报警。

2）按下 ⏎ 键，系统执行报警的附加功能。可在设备文档中找到相关的更多信息。

图 4-15　报警视图或报警窗口

3. 西门子人机界面（TP 177micro）的报警信息

（1）报警视图和报警窗口。报警将在 HMI 设备的报警视图或报警窗口中显示，如图 4-15 所示（报警窗口的布局和工作与报警视图一致）。

报警窗口独立于过程画面，通过组态，可以设置成一接收到新的、未确认的报警就自动显示报警窗口。可对报警窗口进行组态，使其只有在所有报警都经确认之后才关闭。报警视图按钮功能见表 4-6。

表 4-6　　　　　　　　　　　　　报警视图按钮功能

按钮	功　能
?	显示报警的信息文本
⏎	编辑报警
!	确认报警
▶	在独立的窗口（报警文本窗口）中显示所选报警的完全文本。如果必要，可以在报警文本窗口中滚动浏览 　在报警文本窗口中，可以查看其所需的空间超出报警视图中可用空间的报警文本 用 ✕ 关闭报警文本窗口
▼ ▲	在列表中选择下一个或前一个报警
⯯ ⯭	向前或向后滚动一页

报警类别格式是为了对各种不同的报警类别进行识别，以便在报警视图中对其进行区分。报警类别格式见表 4-7。

表 4-7	报警类别格式
符号	报警类别
！	报警
（空）	警告
（取决于组态）	自定义报警类别
＄	系统

（2）查看信息文本。组态工程师也可为报警提供信息文本，查看报警的信息文本的操作步骤如下。

1）在报警视图中选择所需要的报警。

2）触摸 ? 键，将显示分配给此报警的信息文本。

3）使用 × 键，关闭信息文本窗口。

（3）报警指示器。报警指示器 ▲（图表示具有三个排队等待报警的报警指示器）是根据组态显示当前错误或显示需要进行确认的错误的图形符号，只要还未确认该报警，报警指示器将一直闪烁，数字指示排队等候的报警个数。组态工程师可以组态当触摸报警指示器时可以执行的功能，报警指示器通常只用于错误报警。

（4）确认报警。待确认的报警显示在报警窗口或报警视图中，报警窗口或报警视图已激活，确认报警的操作步骤如下。

1）触摸报警窗口或对报警视图中的报警进行选择。

2）触摸 ⏌ 键，报警或各个确认组中的所有报警均被确认。

（5）编辑报警。组态工程师可为每个报警分配附加的功能，在处理报警时将执行这些功能。待编辑的报警已显示在报警窗口或报警视图中，报警窗口或报警视图已激活。编辑报警的操作步骤如下。

1）触摸报警窗口或对报警视图中的报警进行选择。

2）触摸 ⏌ 键，系统执行报警的附加功能，在编辑未确认的报警时，将对其自动进行确认。

4.3.3 西门子人机界面故障处理实例

实例1：故障现象：西门子人机界面触摸不灵。

故障分析处理：西门子人机界面触摸不灵一般是由液晶显示屏或玻璃对应的按钮等位置偏移造成的，也有是由于触摸玻璃老化造成的，前者可以根据人机界面厂家提供的“校正中心点”功能重新校正就可以了，后者需要更换触摸玻璃，也有一些是接触不良造成的，清洗一下就可以解决问题。

实例2：故障现象：西门子人机界面显示屏没有显示或者显示不正常。

故障分析处理：针对西门子人机界面显示屏没有显示或者显示不正常故障现象，首先检查驱动电路板，若驱动电路正常，大多是液晶屏老化引起的，若液晶屏老化只能更换。

实例3：故障现象：触摸偏差，手指触摸的位置与鼠标箭头没有重合。

故障分析处理：该故障可能有多种原因，按照以下步骤进行检查处理：

1）安装完驱动程序后，在进行校正位置时，没有垂直触摸靶心正中位置，重新校正位置。

2）由于表面声波式触摸屏是通过对触摸点的超声波信号的传递、衰减进行定位工作的，而较严重的油污、水渍等能够吸收超声波，造成触摸屏定位不准确甚至不工作，所以只需对触摸屏进行清洁工作。清洁方法及注意事项如下，用柔软的毛巾和水性的玻璃清洁济，清洁触摸屏表面，尤其注意清洁触摸屏四边的声波反射条纹，注意不要将触摸屏上面固定的换能器及其连线碰坏，清洁后将计算机主机重新启动即可。

实例 4：故障现象：出现触摸反应不灵敏，局部区域不能触摸。

故障分析处理：触摸屏使用一段时间后，出现触摸反应不灵敏，局部区域不能触摸等现象，这是因为触摸屏四周的反射条纹上面被大量的灰尘覆盖，影响了声波信号的传递。断电后进行清洁，应用一块干的软布进行擦拭，然后断电重新启动计算机并重新校准。

实例 5：故障现象：用手指触摸一台西门子人机界屏幕的部位不能正常地完成对应的操作。

故障分析处理：这种现象可能是声波触摸屏在使用一段时间后，屏四周的反射条纹上面被灰尘覆盖，可用一块干的软布进行擦拭，然后断电、重新启动计算机并重新校准。还有可能是声波屏的反射条纹受到轻微破坏，如果遇到这种情况则将无法完全修复。

实例 6：故障现象：西门子人机界面通电后屏幕无光，电流约 230mA。

故障分析处理：用手触摸屏幕，蜂鸣器有响应，说明程序运行正常。测量高压条 12VDC 电压正常，控制电压 ENABLE 低有效为低电平正常。说明故障在高压发生电路或灯管已经损坏。拆开发现灯管一头已经发黑，更换灯管后仍然无光，检查高压变压器也已损坏。更换高压变压器后，通电正常，故障排除。

实例 7：故障现象：西门子人机界面屏幕的某一点触摸无反应。

故障分析处理：该故障可能有多种原因，按照以下步骤进行检查处理。

1）如果是人机界面的屏幕使用的时间较长（一般是 5～10 年），则可能是屏幕表面的 ITO 涂层损坏，需要更换屏幕。

2）如果是新安装的屏幕则可能是 ITO 涂层被刮伤，需要更换屏幕。

实例 8：故障现象：不触摸时鼠标箭头始终停留在某一位置，触摸时，鼠标箭头在触摸点与原停留点的中点处。

故障分析处理：有异物压迫电阻触摸屏的有效工作区内，将压迫电阻触摸屏的有效工作区的异物移开后测试。

实例 9：故障现象：触摸鼠标只在一小区域内移动并不准。

故障分析处理：一般在第一次装驱动程序都会出现这种情况，运行触摸屏校准程序。在改变显示器分辨率后也必须运行触摸屏校准程序。

实例 10：故障现象：点击精度下降，光标很难定位。

故障分析处理：该故障可能有多种原因，按照以下步骤进行检查处理。

1）运行触摸屏校准程序（"开始"-＞"设置"-＞"控制面板"-＞"表面声波式触摸屏" -＞"Caliberate"按钮）。如果是新购进的触摸屏，应试着将驱动删掉，然后将主机断电 5s 后开机重新装驱动程序。

2）如果上面的办法不行，则可能是表面声波式触摸屏在运输过程中的反射条纹受到轻微破坏，无法完全修复，可以反方向（相对于鼠标偏离的方向）等距离偏离校准靶心进行定位。

3）如果表面声波式触摸屏在使用一段时间后不准，则可能是屏四周的反射条纹或换能器上面被灰尘覆盖，用一块干的软布蘸工业酒精或玻璃清洗液清洁其表面，再重新运行系统，注意左上、右上、右下的换能器不能损坏，然后断电重新启动计算机并重新校准。

4）触摸屏表面有水滴或其他软的东西粘在表面，触摸屏误判有手触摸造成表面表面声波式触摸屏不准，将其清除即可。

参 考 文 献

［1］杨宏凯，李宏光．富士触摸屏与西门子 PLC 通讯中的问题及解决方案［J］．微计算机信息，2003.6.

［2］王立民．投射电容触摸屏技术分析［J］．国际光电与显示，2011.1.

［3］章建军．台达 DOP 触摸屏在电力系统的应用［J］．自动化信息，2008.5.

［4］周志敏，纪爱华．图解触摸屏工程应用技巧［M］．机械工业出版社，2012.3.

［5］周志敏，纪爱华．触摸屏实用技术与工程应用［M］．人民邮电出版社，2011.11.